沖縄米軍基地と日本の安全保障を考える20章

屋良 朝博

はじめに

筆者が沖縄タイムス社の社会部長だったころ、沖縄青年会議所が主催した沖縄基地問題をテーマにしたシンポジウムにパネリストとして呼ばれた。元米国務省の外交官ケビン・メア氏、共同通信記者だった青山繁晴氏と筆者の三人がパネリストとして壇上に並んだ。

ご存知の通り、青年会議所はＪＣと呼ばれる青年実業家、会社社長の二世たちの集まりで、安全保障に対してはわりと伝統的な考え方の人たちが多い。なので保守、右派にカテゴライズされ、基地問題については現状維持派が主流だ。筆者が呼ばれたのは、とりあえず反対派の意見も聞いてますよ、というバランス感覚だったのだろう。完全アウェイだった。

メア氏はのっけから中国脅威論を繰り出した。中国が沖縄を狙っているんですよ、と言いながら沖縄に米軍基地が集中する現状を必然だと断言した。すると会場は拍手に湧く。いやはや、この人は本当にアメリカの外交官だったのだろうか。「沖縄人はゴーヤーも作れない、ゆすり、たかりの名人だ」と放言したことが報じられ、外交官をクビになった経歴を持つ。

青山氏もやっぱり国防論だ。尖閣騒動の真相はメタンハイドレードを狙う中国の野望が背景にあると声高に語った。有名人だけあって、口を開くと満場から羨望の眼差しが注がれ、歓声に包まれた。「メタンハイドレード」と観衆に合唱させるシーンはさながら歌詞のサビをファンに歌わせる演歌歌手のように見えた。

●メア氏は沖縄以外への移転も可能だと認めたが

そんなセッティングでは筆者が何を話しても会場から冷ややかな視線が矢のように突き刺さってくる。海兵隊の運用や戦略的な位置づけ、沖縄に海兵隊が駐留する軍事的理由の無意味さを必死にしゃべったのだが、会場はシーンとしている。海兵隊はどこに居てもちゃんと機能する能力の高い部隊だから、米軍を沖縄に集中させる合理的な理由はありませんよ、と語る声はステージからそのまま場外へ素通りする感触だった。

「安保＝軍事＝沖縄米軍」の固定概念を溶解させるにはどうすればいいのだろうか。壇上でふと閃いたのはアメリカ政府にもつながるメア氏の口から真実を語らせることだった。米軍再編も手がけた外交官だから説得力は十分だろう。

筆者がメア氏を指名して質問を投げた。「日本政府が沖縄以外で米軍に基地を提供すれば本土移転も可能ですか？」。

「それはその通りですよ」。メア氏はあっさり認めた。彼らは議論慣れしている。そこが日本人とアメリカ人の違いなのだろう。事実を認めた上で、選択肢は何だ、とたたみかける。日本政府は「米軍の沖縄駐留は唯一の選択肢である」と神のお告げを伝授するかのように国民に刷り込んできた。ところが元米外交官は拍子抜けするくらい簡単に沖縄以外の選択肢を認めてしまった。

もちろん世界最強の米軍が沖縄でなくてはお仕事できません、と言うはずもない。米軍はいつでも、どこでも、どこからでも危機に対応し、ミッションを達成する。いざというときの軍事的オプションを大統領に提示することが任務だ。だから日本政府が沖縄の地理的優位性を誇張し、沖縄に駐留しなければ任務が遂行できないと言うのは米軍をみくびった言い方だ。まして在沖米軍基地の七割を占有する海兵隊は即応展開部隊なのだから、なおさら地理に拘束されない特性を持っている。もちろんメア氏もそのことを熟知している。

メア氏から決定的な証言を引き出し、筆者は内心ガッツポーズだった。これで日本国民も現状のおかしさに気づいてくれるだろう。そう思ったのだが、顔を上げて会場を見渡すと、相変わらず聴衆は無表情のまま、白けた目線を向けていた。「だからなぁに」という表情だ。もはや理屈ではない。「米軍基地は沖縄だ」「中国脅威をなんとする」というマインドコントロールがかなり深層心理にまで行き届いている。そしてメア氏、青山氏の中国脅威論は圧倒的な支持を得ていた。

もはや打つ手なし。司会者が終わりに締めの一言を求めたので、こう話した。「青年会議所は中国にもカウンターパートの団体がありますよね」と確認した上で、「安全保障は決して軍事だけではありません。敵対感情があったにせよ、中国にいるカウンターパートとの絆は大切にし、交流を続けてください。そうすることが安全保障なんです」。懇願調に一気にしゃべった。それでもやはり会場は無反応だ。司会者が「拍手をお願いします」と呼びかけて、ようやくパラパラと聞こえた。

●新聞社にかかってきた電話への対応のなかで

その不愉快な思いは翌日も続いた。沖縄タイムス編集局の固定電話が鳴った。「社会部長を出せ」と怒鳴っていたらしい。受けた記者は苦情対応の読者センターに回そうとしたが、それを制してあえて受話器を取った。「海兵隊が沖縄でなくても大丈夫だなんてデタラメいうな」。のっけから攻撃的だ。あいさつもなく、名乗ることもない。礼儀をわきまえない男だった。

前日のシンポジウムの中身が朝刊で報じられていた。記事には「海兵隊の沖縄駐留は米アジア戦略の絶対条件ではない」という筆者のコメントが書かれていた。電話の男はそれに腹を立てたようだ。

沖縄の新聞社には連日、さまざまなクレームが寄せられる。琉球王朝時代の漢文を社説などで引用すると、「なんで中国語を書いているんだ。お前ら日本人かぁ」と抗議するおかしな人たちがいる。

きょうの電話の男も「ちゃんと説明しろ」とわめいていた。

さて、どう対処しよう。まず、何をどこまで知って怒っているか確かめることにした。「あなたの苦情に答える前に一つだけ聞かせてほしい。米軍再編で海兵隊のおよそ半分がグアムなどへ撤退する。中国脅威がある中、なぜ撤退できるのでしょうか」。

男は突飛に質問されたことになお腹を立てたようだ。「なぜそんな質問に答えなくちゃいけないんだ。いい加減にしろ」。

とりあえず話を続けた。「お話するときには共通の土台が必要ですよ。実際に日米両政府が合意した削減をどう考えるかということはとても大事な現状認識なのです。そこを共有できない限り、私が何を言ってもあなたとは言葉がかわせない。だからそこだけでいいから答えてください」。

答えろ、答えないの押し問答を続けた後、男はようやく自身の考えを話してくれた。

「もちろん技術革新だろ。長距離飛行が可能な最新鋭のオスプレイが沖縄に配備されたからグアムへも部隊を分散できるんだ」。

しめた。「なるほど、いま意見が完全に一致しましたね。私もそう思います。だから海兵隊は沖縄でなくてもいいんですよ」。

そう話すと電話の向こうで男が逆上した。「お前なんかと意見が一致するわけないだろ。ふざけるな」。もはや会話は成立しない。相手のわめき声を聞きながら、「よかった、あなたと考えが同じでしたね」と言いながらゆっくりと受話器を置いた。男のわめき声は受話器のコードに巻かれながら静かに消えていった。

●冷戦後の安全保障環境は変貌したのに

日本ではなぜ安全保障をめぐる議論が難しいのだろう。その主要因は日本における戦後の安保論が日米安保条約に対する賛否に止まってきたからではないだろうか。本来なら安全保障はグローバルな国際関係の中で語られるはずだが、日本では日米安保体制をめぐり保守、革新に分かれ、論争は堂々巡りした。〝不毛の論議〟と言われた論争は決着をみないまま冷戦が終結し、議論を続ける実質的な利益が消滅した。そして沖縄だけが〝不毛な議論〟の延長戦を戦う宿命を負わされてしまった。

冷戦は終わった。「パワーシフト」、「パワーの分散」、技術革新、アジアにおける米軍の新戦略など、安全保障論は今日的な課題に対処しようとしている。ところが日本では仮想敵を見つけては軍事強化をうかがう冷戦思考を引きずる。安倍晋三首相は「我が国を取り巻く安全保障環境が厳しくなっている」ことを理由に憲法改正を目指すという。首相らが語る安保は明らかに軍事偏重であり、大きく変質した米戦略さえも見誤っている。

冷戦後の安全保障のテーマは軍事ばかりではなく、大規模な自然災害への救援体制、民生安定支援をテコにした対テロ対策、麻薬撲滅、パンデミック（広範な伝染病）など、国際社会が直面するグローバルな分野に及ぶ。こうした非軍事部門に米軍も積極的に関与している。ハード（軍事）だけでなくソフト（非軍事）を組み合わせた「スマートパワー」の活用をオバマ政権は重視してきた。

その方針は沖縄の米軍にも現れている。米軍再編で海兵隊は司令部と小ぶりな遠征隊を沖縄に配備するだけとなり、ソフトパワーを主体とした運用になる。だから日本人が期待する対中抑止や尖閣防衛といったハードパワーにはなり得ない。米軍再編で実戦兵力は遠征隊規模（二〇〇〇人規模）に縮小され、長崎県佐世保の海軍艦船に乗って年間のほとんどをアジア太平洋地域へ遠征し、人道支援（Humanitarian Assistant）、災害救援（Disaster Relief）をテーマにした多国間共同訓練などに専念している。

今日的な安全保障を担う重要な役割を果たしているだろう。

●日米安保体制とその軍事態勢を区別して

それはそれとして認識した上で、考えるべきは日本における議論のゆがみだ。沖縄基地の今日的機能を分析しようとせず、冷戦期の思考に閉じこもっている。

本来は日米安保体制と沖縄に配備される米軍の態勢とは分けて考えるべきだ。米国との二国間関係を維持していくことと、米軍の軍事態勢は同義ではない。ところが政府は安保体制を維持するために沖縄に配備する米軍の軍事態勢は変えられない、というイメージを国民に植え付けている。もちろん体制を維持しつつ軍事態勢を変えることは可能だ。米軍再編で海兵隊を分散配置することが日米で合意されたことがその証拠である。沖縄の基地問題は「態勢」であって、「体制」ではない。

ところが日本では軍事態勢を論じないまま、日米安保体制を維持する理由で絶滅危惧種ジュゴンの生息地を埋め立てて、海兵隊のための滑走路を建設しようとしている。海兵隊の任務、機能を語らずに、中国脅威と絡めて沖縄基地の必要性だけをおうむ返しする。

消防に置き換えると分かりやすい。消防署を全国各地に置いて、火事に備える体制（システム）はもちろん重要だ。しかし消防態勢とは違う話だ。海兵隊は消防車を長崎県佐世保に置き、消防隊を沖縄に配置している。日本本土や尖閣が火事になったとき、沖縄でしか消防隊は機能しない、と政府は無茶な議論をしている。体制整備と態勢維持は別の議論だが、日本ではその区別がないまま、沖縄に米軍が集中配備することが体制そのものであると勘違いされている。

ほぼ同じ思考の倒錯の中で安倍政権は憲法改正に突き進んでいる。青年会議所主催のシンポジウムで目撃した国防信者たちの安保観が日本を席巻する日もさほど遠いことではないだろう。無謀な安保政策によって沖縄は再び戦争の最前線に押しやられてしまいそうだ。

本書は議論をわかりやすくまとめるために項目ごとにQ＆Aの形式にした。沖縄の米軍基地問題を通して日本の安保観のゆがみが見えてくる。

沖縄米軍基地と日本の安全保障を考える20章（もくじ）

第一部

安全保障と抑止力をどう考えるべきか

第１章 沖縄地元の若者は基地問題をどう思っているのか？

筆者は沖縄国際大学で週一回の講義を担当している。講義名は「沖縄の基地問題Ａ」。テーマは、基地形成過程、沖縄の戦略的な意味合い、海兵隊の機能と任務、抑止力とは、などである。最初の授業で学生の意識調査を行う。最初の質問で基地は「ある方がいい」「ない方がいい」のいずれかを問い、ついで「必要か」「不必要か」を問う。設問がだぶっていると思われるだろうが、言葉によってニュアンスが違うのだろうか、毎回興味深い結果を得る。

二〇一六年前期の学生一〇四人の回答は以下のとおりだった。基地は「ある方がいい」が29％、「ない方がいい」33％、「わからない」38％。肯定的な学生は少ない。ところが必要性を問うと学生の意識はこうなる。基地は「必要だ」29％、「不必要」16％、「わからない」55％。必要が不必要を上回る。

まず「ある」「ない」の主な理由をみてみる。肯定派の学生は「英語を話す機会が増えるし、国際交流の場になっているのはいい面だ」「マイナスはあるけど、イベントにアメリカ人が参加すると盛り上がる」と考えている。

これに対し、否定的な意見は「日本人は基地に入れないけど、アメリカ人は基地のフェンスを自由に越えられる。これって差別だよ」「祖父母の故郷が空軍嘉手納基地の中にある。沖縄の人は故郷に戻れないなんて、人権が軽く扱われている」などだった。

●善し悪しを含めて沖縄の一部としての米軍基地

「ある方がいい」の国際交流イベントにはうなずく人が多いかもしれない。

毎年七月四日のアメリカ独立記念日は嘉手納基地内でカーニバルが開かれ、その日は基地内に自由に入ることができる。極東最大といわれる嘉手納基地の二本の四〇〇〇メートル級滑走路は臨時駐車場になり、一般来訪者の車で埋め尽くされる。分厚いピザ、ビール、リブステーキやバーベキューが露天で売られ、アメリカ気分を味わえる。駐機場には戦闘機や輸送機が展示されており、パイロットらがコックピットを案内してくれる。まさにアメリカを沖縄へ持ち込んだ雰囲気を楽しむことができる。滑走路が使えないこの時期に敵が攻めてきたら対抗できない、なんてヤボな考えはこの際なしにしておこう。

筆者も幼少のころ、基地従業員だった父親に連れられて基地内カーニバルに行った記憶が楽しい思い出としてある。甘いタレを絡ませたローストチキンの香ばしさがいまも忘れられない。沖縄が復帰する以前、基地の中への出入りは自由で、学校から帰宅すると近所の友達と基地へよく遊びに行った。道路は広く一面に張り巡らされた芝生はいつも綺麗に刈られ、フェンスの内のアメリカは別世界だった。たまに兵舎の中に〝侵入〟すると、若い海兵隊員が「ヘイ、ボーイ」と呼び止めて、写真がたくさん載った雑誌をぽいと差し出した。アメリカ版の「プレイボーイ」だった。

筆者の実家のすぐ近くには普天間飛行場と同じような海兵隊航空基地があった。滑走路の延長直下に位置し、屋上で手をあげるとヘリコプターを触れそうな場所で暮らしていた。家の周辺には米軍住宅と呼ばれる米兵向けの賃貸住宅がたくさんあった。表通りの飲み屋では派手なドレスを着たお姉さんたちが客引きをしていて、酔った米兵にまとわりついていた。ある夜、泥酔した米兵が真夜中にわが家のドアを激しく叩いた。父は寝ていた筆者を抱きかかえて玄関から遠い奥の部屋に移動させた。ドアは壊されることなく米兵侵入を防いでくれたが、しばらく震えが止まらなかった。

近所に叔父が住んでいた。庭の手入れをしていたとき、いきなり侵入してきた米兵に鈍器で頭を殴られ、重症を負った。もちろん理由はわからない。突然の出来事だったという。

ときに米軍基地は無防備の住民に牙をむくこともあるが、フェンスと向かい合って育つと、善し悪しすべてを含めて沖縄の風景の一部になっている。米軍による事件事故の被害はあったにせよ、父親の職場であり、遊び場だった米軍基地が〝賛否〟の対象という意識はなかった。それでも筆者の世代はぎりぎり沖縄の日本復帰闘争を覚えている。外国軍隊の永年駐留はおかしい、という感情が「必要論」に勝っている。

●学生のなかには沖縄の世論の縮図がある

しかしいまの学生たちの心にそんなグリップは効いていない。太平洋戦争の沖縄島玉砕、そして原爆投下で粉砕したといった事実さえも教科書の中の出来事でしかない。それが目の前にある米軍基地問題と結びつくことすらないだろう。学校で近代史を教える時間が十分に確保されていない問題は日本社会に深い歪みを起こしていく、という危機感を抱かざるを得ない。

基地が「必要だ」と信じる学生たちには、「アメリカなしに日本をどう守るんだ」「中国など敵から沖縄を守ってくれているんだぞ」という防衛論がある。これに対し、「不必要だ」とする学生は、「アメリカが戦争すると沖縄は狙われるんだ」「基地がなければ中国や北朝鮮などのミサイルに狙われる確率が減る」などと反論する。

経済的な観点からの賛否はこうだ。「基地経済は無視できないよ。基地従業員もいるし、軍用地料をもらっている人もいる」「基地があるから多くの振興策を引き出せるんだ」という基地必要論。これに対し不要論は「基地がなくても自立できるし、沖縄は生きていける」「基地に依存したままでは本当の経済発展はありえない」

という意見である。

沖縄世論の縮図をみているようだ。ただしこのような率直な意見を表立って言いにくい空気が沖縄にあることも事実だ。特に基地を肯定的に評価する意見はなかなか表に出て来ない。その理由を言い表すコメントが学生から出てきた。「反対を言わないと何だか変だと思われそうだから」。

学生意識調査で「わからない」が過半数を占めた。「基地はないほうがいい、と親は言うけど、そこで働いている人もいるし」「日本が守られているという見方があるけど、沖縄県民としては割り切れない」「親戚が基地従業員。良い面も悪い面もある」など、賛否を決めきれない。

大人たちが右と左に分かれてエンドレスで続けている政治対決は学生にとって入りづらい空間なのだろう。「基地は必要性がわからない。かといって批判する理由もわからない」。沖縄の地元ニュースで「普天間」「辺野古」の字を見かけない日はないほどの関心事なのだが、若者たちにはうざったいもめ事なのかもしれない。

●既成概念を疑うことで問題の本質が見えてくる

外国軍基地の存在は政治的圧力にさらされる。これは古今東西同じだ。戦争があって敗戦の結果として外国軍駐留があり、それは占領軍となり、そして突然同盟国軍として駐留し始めた。「反米平和ナショナリズム」はいまも日本に根強くあり、平和運動の主張にもそうした傾向がある。安部首相の暴走と言われた安保関連法でも米軍への協力強化こそが日本の生きる道であるかのような喧伝がなされたが、反対する勢力から別の生き方（オルタナティブ）を探る議論が出ないまま反戦平和の市民活動が広がった。

平和主義のみで中国脅威論に基づく国防論に有効な反論ができるだろうか。世論の支持率は安保法、対中抑止論を強調する自民党が他を上回っており、反戦平和の市民運動は攻め手に欠けている。安保論争と米軍基地問題を結び付けられないこともウィークポイントだ。自民党が抑止の要と考える沖縄基地の実態を平和運動は見抜いておらず、だから護憲と米軍基地はコインの表裏の関係にあるという事実を認識しきれていない。

アンケートに答えた一人の学生はおかしな現状に違和感を感じていた。「海兵隊が最大兵力の沖縄米軍基地だが、部隊は遠征しており常駐ではない。それが抑止力だと言われても納得いかない。抑止は何に対してのものなのかわからない」。この学生は「沖縄の基地問題」の本筋を理解している。日米同盟が大事であり、それを担保するのが沖縄の米軍基地である、という既成概念を受け入れていない。海兵隊は遠征部隊だからほとんどの時間をアジア太平洋諸国で巡回しているので、沖縄不在が多い。そのような部隊がいったい何を抑止しているというのか、という疑問である。

既成概念を疑うことで問題の本質が見えてくる。沖縄基地問題の入門編はその基地と安保国防論、基地と沖縄経済にまつわる一般常識をまず捨て去ることから始まる。

第2章 そもそも安全保障とは何で、定義はあるのか?

海兵隊については後述するとして、まずは一般的に言われている安全保障と沖縄の米軍基地の関係性について検証していく。基地必要論の理由として多い意見は「国防」としての米軍駐留だった。その〝常識〟をまず疑ってみよう。

安全保障とはなんだろう。「安全保障」を〝錦の御旗〟に安倍政権は集団的自衛権を認める憲法解釈変更に踏み切り、安保関連法制をつくってしまった。その必要性を強調するとき、安倍首相が連呼したのは、「日本を取り巻く安全保障環境がより厳しくなっている」というフレーズだ。外務省や防衛省のオフィシャルページにも同じ文言が並んでいる。

ところで安全保障って何ですねん。「沖縄と日本の安全保障」という言葉もよく耳にするのだが、その具体的な定義は実はあいまいである。

●安全保障の定義はあいまいである

日米安保条約をめぐり戦後日本の政治は保守革新に別れた論戦が続いた。戦後復興を果たすために日本は経済重視の政策を徹底させ、防衛は米軍の日本駐留を頼みにした。このため「安保」といえば日本では日米安保条約だし、日米同盟に関する議論になった。このため日本の安保論には広がりがなく窮屈だった。日米同盟に反対する人々は、米国の言いなりの属国となり、アメリカの戦争に付き合わされると毛嫌いする。他方、賛成意見は、国際社会は国家のような法治主義はなく、米軍駐留を頼みながら防衛を考えるのが現実的だ、と主張する。反対派に対しては、平和ボケだと避難する。前者は革新とか「リベラリスト」、後者は保守とか「リアリスト」と呼ばれる。

日本では冷戦が終わったのと同時に保革という言葉はなくなった。もはや日米安保条約に反対する勢力は絶滅危惧種とさえ呼ばれる。ところが沖縄では日米安保条約に基づく米軍基地が集中するため、この議論は冷戦後も続いている。このため学者や専門家、メディアでも「沖縄と安全保障」という問題設定がなされるのだが、その具体的な定義は実にあいまいだ。

いま憲法を改正しようとする自民党の動きが本格化しつつある。憲法改正も名護市辺野古を埋め立てて普天間飛行場を移転するのも何もかも安全保障のためだと説明している。しばし立ち止まって考えたい。そもそも安全保障って一体何だろうか。

いままで基地問題を長らく取材してきた筆者も安全保障の定義をちゃんと知らずにいた。日本を護るために、日米安全保障条約があって沖縄に基地があるとの理解が一般的だ。定義は何だろう、とふと考えた時、思考が止まってしまう。

●防衛大学校の先生があいまいだと認めている

いまさらだが、知り合いの国際関係、安保学者や数年前まで日本の安保政策を策定していた元防衛官僚に「安全保障って何ですねん」とEメールを送ってみた。

「面倒な質問ですね（笑）」と返信した国際政治学のS教授。「面倒というのは、実は学問上明確な定義はないのです。防衛大学校の先生たちが書いた『安全保障学入門』というテキストの最初に、つまり第一章「安全保障の概念」という章の第一項目に、『安全保障という言葉には、万人に受け入れられた明確な定義が存在せず、その意味は極めて曖昧である』という衝撃的な文章があります。この部分を書いたのは神谷万丈という国際政治学者ですが、このあと誰からも受け入れ可能な抽象的な定義として、『ある主体が、その主体にとってかけがえのない何らかの価値を、何らかの脅威から、何らかの手段によって守る』という一文を書いています。確かにこれなら文句は出ないでしょう。ずいぶん前になりますが、一九七〇年代末に総合安全保障論が唱えられました。この考え方は、実は今も生きているのですが、そこには国土防衛だけでなく、資源や経済、食料や自然災害も視野に入っています。軍事を中心とした場合は、〝防衛〟という言葉を使うほうが、より正確でしょう。つまり安全保障は軍事だけではありません。軍事は重要な要素ですが、それ以外も含まれるということです。戦後の日本は、あまりにも軍事を無視しすぎた傾向はありますが、現在のような軍事への偏りもまた問題なんです」。

このS教授は自身を保守系、リアリストにカテゴライズする研究者である。「日米同盟を支持し、沖縄の基地の重要性を認識する立場だ。でも海兵隊は要らないよね」とさらりと言える稀有なリアリストだ。

国防実務家の見解は一味違う。安保は戦略なのだが日本に戦略がないと指摘する元防衛官僚のY氏。「広義には、国家目標を達成するために、その達成を妨害する要因にいかに対処するかを考える戦略、狭義には、軍事的妨害要因への対処に関する戦略のことだと思います。軍事に軍事をもって対処するのは、どこかで無理がありますから、国全体の対応の中で軍事にどこまで役割を与えるか（足りない部分をどのように外交・経済で補うか）を導き出すのが安全保障戦略になると思います。日本には国家の戦略がなく、妨害要因の分析がないために、無限の軍事依存（すなわちアメリカ依存）になっていくのだと思います」。

●「平和」という言葉だってあやしい

安全保障論、国際政治学のU教授は自衛隊の成り立ちに詳しい。「安全保障は『自国の安全を維持する方策』といえます。ですから、アメリカのように、気に入らない奴らを片っ端からやっつけるのも安全保障ですし、敵を作らず、喧嘩せず、というのも安全保障です。日本はいま、戦後の方針であった後者のやり方から前者に方針を転換しようとしている、というわけです。となると、平和という言葉もあやしくなりますね。アメリカは、思慮も遠慮もなく海外で武力を行使していますが、それも『自国の平和のため』と言い得るわけです。安倍政権の積極的平和主義は、この自国の平和のために、アメリカと一緒になって武力行使をしよう、という安全保障政策です。言葉は、かくも容易に反転してしまうものです。私たちにとって言葉は商売道具であり、かつ武器でもあります。大事にしましょう」。

普天間問題にも詳しい国際政治のE教授。「抽象的ですが汎用性の高い定義に、『既得の価値に対する脅威の削減』というものがあります。この定義をした人は、安全保障を他の価値との比較において捉えている人で、安全保障価値ばかりを追求すると、他の価値が損なわれてしまう危険がある、と指摘しています。また、安全保障というのは、いずれにしても、曖昧で拡張していく危険性があるので、注意深く使うべきであるとも言っています。このような慎重な考え方は正しいと思います。むしろ、一見して、プラスになるような富国強兵ばかりやれば、安全保障が向上するとは限らないと思います。むしろ、軍事的な手段によらずとも、『危険を避ける』可能性を拡大すれば、安全保障を高めることは可能です」。

専門家の意見はまさに多様であり、決まった定義があるわけではない、というのだ。それではなぜ安倍政権になって「安全保障環境が厳しい」という理由の政策が次々と飛び出してくるのだろうか。自民党は日本の安全保障のために憲法解釈をねじ曲げたし、秘密保護法制も安保法制もつくってしまった。その大元である安全保障とはいったい何であるのか、という定義がほったらかしになっている。

●安全保障の常識を疑おう

安倍首相の常識は、北東アジアには中国、北朝鮮の脅威が存在し、近年その脅威が一層顕在化してきた、という見方を土台にしている。日本を取り巻く情勢は厳しくなっているため、米軍の存在は中国や北朝鮮に対する重要な抑止力であり、日本を守ってくれている米軍に一生懸命協力しなくては同盟が成り立たない――。この論法で憲法改正へ突入しようとしている。

この理屈で制定した安保法制に対して国内世論は真っ二つに割れ、今後の政治対立の争点になりそうだ。でも安保って何だ、というそもそも論が欠落したままでは、戦後日本で不毛の論議とさえ言われた「軍備か平和か」の交わらない論争を繰り返しそうだ。前出のS教授が紹介した「安全保障学入門」（防衛大学安全保障研究会編）の第1章「安全保障の概念」の第1項は「普遍的定義の欠如」とある。「論者がどのような世界観や価値観を採用するかによって、安全保障概念の規定の仕方は大きく違ってくる」と書いている。だから万人が納得できる普遍的な定義がない。時代とともに国際環境が変わり、冷戦期には軍事が優先され、ポスト冷戦では経済、エネルギーなどの非軍事的側面の比重が増してきた、と説明している。

同著は現在の安保環境についてこう述べている。「破綻国家がテロリストの根拠にされやすいという事実が、深刻に受け止められるようになり、紛争地に『平和を作り出す』ための平和構築や国家再建といった活動の国際安全保障上の重要性が特に先進国によって強く意識されるようになった」。

また、工業化が進み経済的に相互依存が高まった先進国の間では、戦争は時代遅れになったという米専門家の考えも引用している。そして脅威に対応する従来の安保観は冷戦後、敵を作らない良好な国際環境を維持しようとする安全保障の新しい考え方に変わってきた、と防衛大学の教科書は解説している。

友達か敵かという分け方は時代遅れだということだ。安倍晋三の安保観は友達のアメリカが敵に攻撃されそうな時、軍事力を行使すべきだ、と主張するが、防衛大学の教科書によれば安倍流は時代錯誤だということだ。

安保法制で議論沸騰した個別的自衛権に止めるか集団的自衛権を解禁するか、という議論もまた時代に乗った議論とは言えない。敵味方の白黒論から抜け出ていないためだ。個別的と集団的を極端に単純化すると一人で戦うか、友人と一緒に戦うかの違いであって、それは喧嘩の仕方に過ぎない。揉め事が生じる環境を排除していこう、というのが今日的な安全保障のはずだが、安倍政権の発想、行動はまさに冷戦期の敵味方を前提とした議論だ。

尖閣諸島を守るために沖縄の米軍基地が必要だ、という〝常識〟も大いに疑う必要がある。敵を前提とした安全保障だけで沖縄の米軍基地をみると現実を大きく見誤る。それは沖縄の米軍がいま何を目指しているのかを検証すればすぐに理解できる。

第3章 安全保障の定義と沖縄はどう関係するのか？

米軍基地問題は安全保障に関わるため国の専権事項だ、という言い方がある。政府のみが決断できる事柄だということだ。憲法改正を目指す安倍首相がよく口にする「安全保障」は、米軍基地の配置とどう関係するのだろうか。右記の安保論を踏まえて、沖縄の基地問題と安保について検証する。

●一年の大半は日本を留守にする海兵隊

一般的に安全保障は「国防」と置き換えられることがしばしばある。中国や北朝鮮の軍事的な脅威に対抗する政策として安全保障が語られる。この思考は冷戦後の変化を無視する視野狭窄であり、米海兵隊の活動を理解していない。

普天間飛行場を含め沖縄にある米軍基地の七割を占有する米海兵隊（定数一万八〇〇〇人）は米軍再編によっ

て半減し、今後実戦兵力は二〇〇〇人で編成する第31海兵遠征隊（31ＭＥＵ）のみになる。辺野古の新飛行場は同部隊の航空機が使用することになる。31ＭＥＵは長崎県佐世保港の艦船に乗って、アジアの同盟国、友好国を巡回し、共同演習を実施している。一年のうち八～九ヶ月は巡洋し日本を留守にする。

この共同演習に近年、中国人民解放軍も参加するようになった。人道支援、大規模災害の救援活動を諸外国と共同対処する取り組みが進められている。

人道支援活動は山村の小学校で校舎を修繕したり、村人へ医療サービスを提供したりする。山間部でテロリストの勢力拡大を抑止する効果を狙う。

この活動は日本でほとんど報道されないため、米軍は中国軍と対峙するために沖縄に駐留していると思われがちだ。しかし沖縄の海兵隊は中国軍も交えてアジア諸国軍との信頼醸成を図る活動を展開している。在沖海兵隊基地の役割は長崎の艦船と部隊が合流する〝船着場〟であり、それは九州でもどこでもいい。

●「沖縄の海兵隊」＝「国防」という誤った理解

それでも政府は尖閣をはじめ南西諸島にある沖縄こそが海兵隊の駐留適地だと言い張っている。尖閣を攻めてくるはずの中国軍は海兵隊と定期的にアジア地域で共同訓練を積み重ねているのだから、日本政府の説明はあまりにもとんちんかんだ。海兵隊は敵を減らし、敵対国とも関係改善を図るような安全保障の定石を踏んでいるのだが、日本政府は海兵隊が中国と対峙することを前提にした国防を論じている。

危険を排除して安心を得ようとする安全保障と、仮想敵に対峙する国防とは重なる部分があるにせよ、決して同じではない。そこをはっきり区別しておかないと、沖縄の海兵隊がイコール日本の国防という誤った理解になる。

警察と消防に例えると分かりやすだろう。まず治安を維持するため警察は絶えず街頭にパトカーを巡回させたり、交番に制服の警察官を待機させたりしている。警察官は特定の住宅を見守っているのではなく、管轄するエリア全域に警察の存在を示すことで、犯罪を未然に予防しようと努めている。

沖縄の海兵隊も同じようにアジア地域を船で巡航し、米軍のプレゼンスを示すことで紛争やテロの抑止に努めている。多国間の共同訓練を通して軍事交流を重ね、アジア地域広範の安全保障ネットワークを維持・管理している。記述の通り、そのネットワークに中国も積極的に参加するようになった。二〇一六年二月にタイで実施されたコブラゴールドという定例訓練でも中国人民解放軍は部隊を派遣している。香港有力紙に中国退役陸軍将軍のこんなコメントが掲載された。「中国軍の参加は米中がアジア太平洋地域の安全保障でより緊密な協力関係を構築していこうとする意思の表れだ」。

中国の退役将軍は米軍との「アジア安全保障の協力関係」を誇示し、安倍首相は「安全保障環境の悪化」に対処するための対米軍事協力を強調する。同じ安全保障なのだが、なぜにこうも違うのだろうか。しかも中国は米国とともにアジア安保を志向し、日本は米国とともにその中国と対抗しようという。アジアで中国を含む諸外国の軍隊と積極的に共同訓練を重ねる海兵隊の運用実態を知るほどに日本の対中脅威論が国際規格を外れた日本仕様であることが分かってくる。

米軍は太平洋地域をパトロールすることで面的な治安を維持する。その中にある日本も結果として安全である、というシステムなのだが、日本は自分だけを守ってくれていると勝手に思い込んでいるようである。

●海兵隊を尖閣防衛にかり出す見当違い

海兵隊を犯罪予防の警察になぞらえて安全保障を解説した。次は有事対応を消防になぞらえて説明すると、消防隊員や消化装備を沖縄に起き、消防車は佐世保に分散配置しているのが沖縄の海兵隊だ。

海兵隊は司令部の下に地上戦闘、航空、後方支援の三部隊があり、作戦の種類や規模によって部隊の組み合わせを変える。国同士がぶつかる戦争には約八～九万人の大部隊を編成する。対テロ紛争など局地的な戦いでは一万五〇〇〇人ほどの中規模部隊。大規模な自然災害などの災害救援、人道支援、そして紛争地からの人質奪還といった特殊任務には二〇〇〇人単位の小規模編成になる。沖縄の海兵隊が編成できるのは二〇〇〇人規模でしかない。佐世保に配備されている船が沖縄で隊員や物資をピックアップして出動していく。

沖縄の部隊が対処できるのはボヤ程度で、大火事になると米本国から大部隊が来援してくる。沖縄の米軍基地の七割を占める海兵隊の平時における配備はその程度のものでしかない。

そもそも海兵隊の沖縄配備をアジアの安全保障ではなく、尖閣防衛といった日本の国防に抱き込もうとする無理な議論が日本でまかり通る。頼りの海兵隊は中国と対峙できるほどの兵力はないばかりか、米中は共同訓練を通して積極的にアジアで協調関係を広げようとしているのだから、どうにも見当違いな安保観である。日本の安保をめぐる言論は国防論に偏るから現実とつじつまが合わないのだろう。

冷戦が終わったいま、安全保障は国家主体から人間主体へと移行したといわれる。テロと大規模災害――。「9・11」と「3・11」が象徴的である。

国境を越えた全人類的なテーマで中国軍も引き込む新たな安全保障体制の構築に取り組む米海兵隊を、日本政府は冷戦期と同じ観念で日本の「国防論」に巻き込もうとする。そして沖縄の民意や地方自治、自然環境といった価値をないがしろにする。ひとりよがりの危ない道を歩もうとしている日本は米国にとって果たして信頼に足る同盟国なのだろうか。

第４章

抑止力とは何で、それに実態はあるのだろうか？

米軍が沖縄に存在することが抑止力である――。この日本的な常識も疑うべきである。なぜなら安全保障よりもさらにあいまいなのが「抑止力」だからだ。

抑止とは一般的には「ある行為を思いとどまらせる」と定義される。警察の犯罪抑止をイメージするように、制服を着た警察官が道角に立つだけで抑止効果が期待できる。ところが最近脱法ハーブで判断力を失った運転手が暴走する事件が発生する。警察官が目を光らせていても抑止を効かそうとする相手に判断力がなければ抑止は効かない。泣いている赤ちゃんに怒ってもさらに大声で泣かれるだけだ。

教科書的に言うと抑止力は三つの要素を満たさなくては意味がない。①それをやったら許さないぞ、という意思を絶えず表明する。②その意思を実行する圧倒的な力を持つ。③当方の意思と力を抑止したい相手が十分に理解し、理性的な判断ができる――。要するに相手が思いとどまれば抑止が効いていることになるのだが、その相手がどう考えるかという領域にこちらが立ち入ることは無理なので、結果として抑止が効いているかどうかは相手次第ということになる。

●意思と能力が必要だが、やはり相手次第

尖閣の領土紛争を例に考えよう。日本と中国の間で領有権争いがある尖閣諸島。現在は日本が実効支配して

いるが、日本は絶えず領有権を主張し、これを死守する意思を表明していなければならない。隙を見せると中国は、さほど抵抗しないのではないかと考え、奪い取る機会をうかがうかもしれない。

意思表明していても、尖閣防衛の能力を日本が持っていなければ、その主張は空威張りにみられてしまう。「奪ったら許さんぞ」といいながら腕まくりしたその腕が骨と皮だけでは迫力がない。逆に中国はいちかばちか勝負をしかけてみよう、という気にさせてしまう。

意思と能力の双方がなければ、いずれ中国はチャンスをうかがってくるかもしれない。抑止を効かせたいなら強い意思表明と十分な軍事力が必要になるわけだが、どれほどの強さで意思表明するのか、どれほどの軍事力で事足りるのかを判断する基準は皆無だ。あまり強く主張するとかえって中国を刺激し、緊張を高める。石原慎太郎氏が東京都知事だったころ、尖閣を都が購入し、港などを造って領有権の主張を強めようとアピールした。すると中国国民が反発し、日中関係は悪化していった。それ以前は尖閣の領有権問題は棚上げにしようという合意があったが、尖閣問題をステージアップさせたことで国家間合意を互いに尊重しようというタガが外れた。むしろ抑止力を弱める結果となったのは明らかだ。軍備で尖閣防衛を強化すると、一気に軍事的な緊張を生み出すことになりかねない。

「相手の理性的判断」はもはや神のみぞ知る。いくら意思表示し、いくら強い軍隊を持っていても、その情報を相手が冷静に分析し、合理的・理性的な判断を下すかどうかは相手次第だ。警察官が道端に立っていても、ドラッグの影響下にある相手には抑止は効かない。「あなたは抑止されていますか」と敵に尋ねるほかに抑止効果を確認できる手立てはない、ということだ。

北朝鮮が原爆実験を強行したりするすと、テレビでコメンテーターが「あの国は何をやるか予測できませんねぇ。ますます日本に駐留する米軍の抑止力が重要です」と発言したりする。抑止力をまったく理解していない。

●抑止の三パターン

抑止はそもそも「誰にどのような行為をどうやって思いとどまらせる」のかを具体的な議論する必要がある。その手法の代表的なものは「懲罰的抑止」「拒否的抑止」「報償的抑止」の三パターンがある。

「懲罰的」は力でもって相手を抑え込む手法で、相手に壊滅的な損害を与える意思と力を示して抑止する。「拒否的」はある行為から得られる利益を消滅させてしまうこと言う。例えば敵が領地を狙っているとするなら、その土地が使えなくするように薬剤で汚染すれば、農業ができないばかりか、汚染除去の費用がかかり、奪うことの価値を大幅に減じさせる。すると相手は危険を冒して土地を奪う行為には至らないだろう、という考え方だ。「報償的」は領土に手を出さないと約束するなら、その見返りを差し出そうと取引する。損得勘定で得が上回れば、あえて軍事力を行使するまでもないため、相手の行為を抑止できる。

「懲罰的」な抑止が一般的ではあるが、既述のように意思表示と力による威嚇があまりにも強すぎると、相手は警戒感を無用に増大させ、その反動で決死の攻撃をしかけてくる場合も想定される。そうすると抑止の本来の目的が達成されないばかりか、かえって抑えようとしていた争いを逆に誘発させてしまうから本末転倒になる。これらのバランスが難しく、これこそが抑止力だ、という議論は神学論に似ている。

抑止力の最強兵器はなんといっても核兵器だ。大量破壊兵器を打ち合うと全人類いや地球さえも消滅させかねないだけに、その使用は現実的な選択肢でなくなった。すると核兵器は威嚇できるが使えない兵器となった。米国が冷戦期に核兵器の小型化を進め、限定的な使用を可能にしようとしたのも核抑止効果を維持させるためだった。

冷戦期の核抑止は米露が互いの額にピストルを当てて身動きが取れない状態だったという表現がある。そんな態勢では互いに引き金を引けない。ピストルを向けたまま、弾倉から一発ずつ弾を抜き取る作業が核削減交渉だったともいわれている。

抑止論の空虚さを表す定説がある。抑止力の有無を確証できるのは、紛争が起きてしまい、効いていないことを知るときだ――ということらしい。このように抑止を一概に論じることは不可能だ。ましてや沖縄駐留の米軍の抑止力を日本が語ることが果たして可能なのだろうか。

第５章　アメリカは日本のために必ず戦ってくれるだろうか？

沖縄に米軍基地が集中するのは抑止力を維持するため、と政府は説明する。抑止の曖昧さを知ると、この言葉が詐欺っぽく聞こえる。例えば尖閣諸島の防衛のために沖縄の海兵隊が極めて重要な抑止力である、と政府は主張する。アメリカは尖閣防衛に若い兵士の命を捧げる意思があるのか。

オバマ大統領は尖閣諸島も日米安保条約第五条（日本防衛義務）の適用対象だ、と明言した。とはいえ、米国は他国の領土問題には口出ししないという基本方針がある。果たして米国の尖閣防衛義務をどこまで信じればいいのか、おそらく日本政府でさえ確認できていないだろう。だから此の期に及び、外務・防衛閣僚がワシントン詣でする度に「尖閣も日米安保条約の適用対象ですよね」と米国の「意思」を引き出そうとすがるように念押しする。この行為は中国側にどう映るだろうか。抑止力の前提である米国の「意思」を日本さえ確証できていないことを大声で明かしているようなものだ。

●満足度よりコストが高くないか？

紛争に関与すべきかどうか決める理論のひとつに「満足度―コスト」の方程式がある。それに尖閣防衛を当てはめると、米国が同盟国の領土を守ったことで得られるプラス要因からコストを引く。コストには米兵の命のほかに米国にとって有数の貿易相手国である中国との関係を破綻させることも含まれる。米国にとって中国はカナダに次ぐ二番目の貿易相手であり、四番目の日本を大きく引き離している。中国製の格安商品がアメリカの消費生活を支えている現実がある。

もちろん日本経済に与える影響も計り知れない。平和でなくては成り立たない観光業へのダメージは大きく、中国観光客の〝爆買い〟を当て込む商売もなくなる。もちろん観光立県の沖縄経済はダメージどころか破綻しかねない。それでも尖閣問題で中国との対決を望むか、という問題である。

もしあなたがアメリカ人であれば、太平洋の向こう側の岩だけの無人島を守るために若いアメリカ兵が命をかけて戦うことを支持しますか？

この問いかけを読者はどう考えるだろうか。直感的にも満足度よりコストが大きすぎると考えるのが多数ではないだろうか。米政府は尖閣をめぐる日中対決を「馬鹿げたこと」と一蹴する（ジェフリー・ベーダー元米国家安全保障会議アジア担当上級部長『オバマと中国　米国政府の内部からみたアジア政策』東京大学出版会）。

こうした米国の本音が表出すると抑止の前提が成り立たない。なぜなら日本人が抑止力を語るときは米軍の存在感を指しており、米政府が確固とした意思を常に表明してくれなければ抑止効果は望めないからだ。そもそも外国軍を引っ張ってきてこれが抑止だ、と虚勢を張る理屈がわかりにくい。米軍を動かすのは米国であって、米議会の同意や国民の支持がなければ戦争は遂行できないという大原則がある。それを無視して何がなんでも米軍は尖閣のために中国と戦ってくれる、と信じるのはもはや妄想に近い。

●「抑止」の曖昧さ

二〇一四年四月にオバマ大統領が来日したとき、安倍首相は尖閣諸島が日米安保条約第五条（米国の日本防衛義務）の適用対象であることの確証を求めた。オバマ大統領は第五条が日本の施政権下にあるすべての領域を対象としている、と答えた。メディアは「米大統領、尖閣問題に日米安保を適用」と一斉に報じた。

ところがその時、オバマ大統領から発せられた重要なメッセージをメディアはさほど報じていない。大統領はこう話している。「日米安保条約は私が生まれる前に結ばれた。日本の施政権下にある領域はすべて、条約の適用範囲であるということだ。私たちは単に条約を適用しているにすぎない。日中が対話や信頼醸成をせず事態がエスカレートするのは大きな過ちだ」。条約の解釈論に基づく防衛義務の確認ではなく、対中関係には冷静に対処するよう要望した形だ。

オバマ大統領の真のメッセージはおそらく次の言葉だったはずだ。「我々は特定の陸地や礁の主権についてはっきりした見解は示さない。国際的手続きに従って問題を解決することを確認するという立場だ。中国の発展はこの地域の人たちに恩恵をもたらす可能性がある」。

落ち着きなさい、と安倍首相をなだめるような言葉に聞き取れる。安保条約適用を語ったことは中国に対する「抑止」であり、他のメッセージの多くは日本を諫める「諫止」だったはずだ。

誰も住まない岩のために兵士の命を危険にさらすことだけはやめてほしい――。米兵士が購読する日刊紙「星条旗」は安倍首相の就任時にそんな内容の記事を大きく報じている。

沖縄の米軍とりわけ海兵隊がオスプレイで尖閣を守ってくれるなどという幻想から覚めてもっと現実的な日米関係を模索しない限り、いつまでたっても沖縄の米軍基地は「安全保障」「抑止力」のバーチャルリアリティの中で固定化されていく。民意を無視する政権がそのあいまいな言葉を利用して安保政策を推し進めることほど怖いものはない。

第二部

在沖海兵隊の歴史と位置づけをめぐって

第６章

海兵隊はなぜ、どのようにして誕生したのか？

歴史的に海兵隊は海軍に付属する戦闘要員である。

●独立戦争で誕生し、たびたび解体の危機に

アメリカ海兵隊は一七七五年の独立戦争時に海軍とともに発足した。海軍の下部組織として主に海浜から地上へ攻め上がる強襲揚陸を専門としている。海軍艦船から小型ボートを降ろし、敵陣に切り込み攻撃を仕掛けたり、夜陰にまぎれて砂浜を上がり敵の食料庫に火を放ったりする奇襲攻撃を得意とした。

イギリスを相手に戦った独立戦争に勝利した後、巨額の債務を抱えた米国新政府は軍事費削減のため海軍・海兵隊を解体した。そもそも広い大陸を持つ米国は海洋の覇権争いに参列する意図はなかった。ところがカリブ海などにおける海賊船の略奪被害に手を焼いたため、海軍の再発足を決め、同時に海兵隊も海軍所属部隊として設置した。地上に上がると陸軍が圧倒的な勢力を誇っているため、海兵隊は港の警備員あるいは鼓笛隊という呼ばれ方までされていた。やはり当時は陸軍と海軍の二大巨頭の中で影は薄かった。陸軍からはあからさまな不要論がしばしば投げかけられた。

その背景には予算の獲得合戦があり、艦船一隻の建造費が陸軍の年間予算にも匹敵するという海偏重の予算配分だったため、陸軍内には不満がうずまいていた。海兵隊を陸軍へ編入することで予算増額を狙った。海兵

隊の不要論は予算配分の駆け引きに根ざしていた。この構造はいまに引き継がれる。

第二次世界大戦では主に太平洋地域で日本軍が占拠する島々を攻略し、サイパン、グアム、硫黄島、そして沖縄戦と戦ってきた。硫黄島の擂鉢山の頂に星条旗を立てた瞬間を撮影した報道写真が特に有名で、その図柄は切手に使われたほか、写真を基にアーリントン国立墓地近くの海兵隊戦争記念碑が建立されている。

太平洋戦争で名声を高めた海兵隊だったが、それは長く続かなかった。戦後のリストラが始まったからだ。大戦後の軍縮で再び海兵隊不要論が米政府の中で浮上する。当時は陸軍と海軍がそれぞれ保有していた航空部隊を統合させ空軍を発足させるなど、国防総省の組織再編が行われた。この中で海兵隊の解体が決まりかけていた。特に陸軍サイドからは「核戦争を想定する時代に砂浜を駆け上がる部隊を存続させる合理的な理由が見当たらない」と激しい攻撃にさらされた。

●朝鮮戦争で息を吹き返す

当時のトルーマン大統領は陸軍出身であり、海兵隊不要論者だった。解体は避けられない局面に海兵隊が命綱としたのが議会ロビーだった。組織を上げて生き残り策を図り、議会の軍事委員会に海兵隊の有用性を強烈にアピールしたことで組織存続に成功した。

このように海兵隊には不要論がつきまとい、予算、人員の確保が思うにまかせない状態が続いた。太平洋戦争から数年のうちに予算難に見舞われ、訓練経費さえも獲得できずに困窮する状況下に置かれた。そんな海兵隊が息を吹き返したのが一九五〇年の朝鮮戦争における仁川上陸だった。劣勢にあった連合国軍のマッカーサー司令官が海兵隊投入を決め、大規模な強襲上陸を敢行した。連合軍はこれにより戦況を立て直し、前線を押し戻すことに成功した。

このとき、朝鮮半島に展開した第一海兵遠征軍を後方支援するために第三海兵師団が米カリフォルニアで急遽編成され、朝鮮戦争休戦直後の一九五三年八月から岐阜や山梨、静岡の各県に分散配置された。朝鮮戦争での活躍が高く評価され、米議会は一九五二年、海兵隊について三個師団、三個航空団を維持することを定めた「ダグラス・マンスフィールド法」を制定する。これにより海兵隊の解体論は影を潜め、今日に至るまで、海兵隊は三個師団、三個航空団を保持している。法律によって組織維持が担保される部隊であることは、米軍内における組織の脆弱性を示すものだった。

第7章

本土から沖縄に移転してきたのはなぜか？

近年、海兵隊の日本駐留史に着目する若手研究者によってようやく全容が明らかになってきた。沖縄国際大学の野添文彬准教授、山本章子非常勤講師、元名古屋大学の川名晋史講師らは、海兵隊配備について米政府が五〇年代と六〇年代後半から七〇年代前半の各時代に太平洋における海兵隊配備の見直しを検討していた史実を明らかにしている。海兵隊撤退も検討された時期があるが、日本政府が引き止めていた。

●本土での基地反対闘争を背景にして

前述の通り、海兵隊はそもそも沖縄に駐留していなかった。海兵隊が日本に配備されたころ石川県内灘では米軍の射爆場計画が持ち上がり、反対する住民が激しく抵抗した。米軍が朝鮮戦争で日本製の砲弾使用を決め、その試射のために内灘砂丘を接収し、射爆場とする計画だった。施設提供義務を負う日本政府が予定地を接収しようとしたが、住民の反対に遭い計画を断念した。

五〇年代はほかにも長野県浅間山演習場計画、群馬県妙義山接収などが米軍基地建設の計画があったが、いずれも住民の反対で中止に追い込まれている。新潟、愛知、大阪でも大規模な反基地運動が広がってた。よく知られる東京立川飛行場拡張計画に対する砂川闘争で住民と警官隊が衝突する事態になっていた。本土の反基地運動が激しくなるのと同時期に第三海兵師団の沖縄移転が検討され、一九五五年に同師団隷下の二個連隊のうち一個連隊が沖縄へ移転した。

沖縄配備の計画時に第一次台湾海峡危機があり、海兵隊はその対応を想定していたとされる。ところが移転実施までには台湾海峡の緊張はすでに緩和されており、次いでタイ国の共産主義勢力の動きを警戒するという任務を想定することにした。そして本格的な沖縄移転の時期、米側の関心はインドシナ半島への対応へとシフトしていく。とりあえず沖縄の海兵隊はアジア地域の情勢に即応する戦力として位置づけられていった。

それにしても台湾海峡からインドシナ半島とはかなり広い範囲だ。北朝鮮も警戒し、台湾海峡、そしてインドシナを視野に入れるには沖縄が最適だということだろうか。しかし、沖縄駐留には最も肝心な機能が欠けている。兵力をインドシナへ投入するには移動手段が不可欠なことは論じるまでもないが、沖縄には海兵隊を運ぶ船も大型輸送機もなかったし、現在も存在しないのだ。

一九五七年三月初めに海軍作戦部は海兵隊について、海軍と一体化させた「機動打撃力」として重視していく新方針を打ち出した。神奈川県横須賀港や長崎県佐世保港、そして沖縄へも寄港していた米海軍第七艦隊の艦船が海兵隊を拾っていく展開を想定した。これは沖縄国際大学の山本章子非常勤講師の研究で明らかにされており、以下のグアム配備案とそれが棚上げされた経緯については山本氏の論文を引用する。

●グアムへの移転が本格的に検討されていたが

この海軍の方針を受けて、海兵隊のグアム移転が検討された。当時、沖縄では「島ぐるみ闘争」と呼ばれる沖縄県民の反基地運動が強まっており、本土に残っていたもう一個の海兵連隊を沖縄に押し込むのはもはや困難だと米軍サイドは判断していたからだ。統合参謀本部（JCS）が策定した提言書には、「軍事的観点からは海兵隊の部隊を極東、特に東南アジアの紛争の起こりやすい地域に迅速に再配備できることが望ましい。この点、グアムなら可能性があり、検討すべきだ。」との見解が盛り込まれていた。

海軍艦船と連動する機動部隊としての位置付けが確立していたことから、インドシナ半島を睨むための沖縄の地理的優位性はグアムでも代替可能という判断があった。それは電車を使って目的地へ行く場合と同じで、乗車駅がどこであっても時間を調整すれば目的地へ目的の時間に到着するという単純な理屈だ。沖縄には当時もそして現在も艦船や大型輸送機がないため〝始発駅〟にはならない。乗車駅が沖縄であろうが、グアムであろうが、ダイヤを調整すれば目的地に所定の時間に到着できる、ということだ。

米政府は沖縄へ割り当てる予定だった海兵隊基地建設経費をグアムへ回すことも検討した。当時のウィルソン国防長官も、即応部隊として再定義された海兵隊がグアムから東南アジアへ即応できる配備案を支持した。ところが、このグアム移転案を吹き飛ばす事件が日本本土で起きてしまった。一九五七年、群馬県相葉の原演習場で薬莢拾いをしていた婦人（当時46歳）がウィリアム・S・ジラード二等兵（当時21歳）に射殺される事件が起きた（ジラード事件）。日本人の反米感情が一層高まった。日本政府は米政府に対し陸上兵力（陸軍、海兵隊）の完全撤退を米政府に要求した。

米大統領は日本政府の意向を受け入れ、日本本土からの地上兵力撤退を最優先に対応するよう指示した。グアムで新たな基地インフラを整備する時間的余裕を失った国防長官らは、すでに基地整備が進んでいた沖縄に海兵隊を駐留させるしか選択肢を持ち得なかった。

軍事的に海兵隊は台湾海峡、タイ国の共産化、インドシナ半島といったアジア情勢を警戒するための極東配備であるが、それにもまして本土で高まっていた反米感情などの日本の国内事情が沖縄へ米軍を集中させた歴史的経緯が浮かび上がってきた。

このため「地理的優位性」のみをもって海兵隊の沖縄駐留を絶対視するのはあまり根拠のない議論である。グアム移転案のほかに六〇年代後半にも海兵隊の沖縄撤退計画が検討されていた。海兵隊は現在も第七艦隊の艦船に乗ってアジア太平洋地域で活動している。アジア全域をカバーする海兵隊の拠点を沖縄に限定する議論は海兵隊の運用実態を無視した空理空論である。

第8章 ベトナム戦争後にどういう議論があったのか？

前出の野添、川名両氏によって、ベトナム戦後のリストラで沖縄の海兵隊を米本国へ撤退させる計画が米政府内で検討されたいた事実が判明している。両氏の論文によると、海兵隊が沖縄で本格駐留を始めたのはベトナム直後からだった。それまでは陸軍王国と呼ばれていた沖縄だが、戦後の国防費削減で地上兵力が大幅に削られる。取って代わったのが海兵隊だった。一九六八年にベトナム撤退のときのしんがりを務めた第三海兵水陸両用軍（３ＭＡＦ、後に海兵遠征軍＝３ＭＥＦ＝に名称変え）がそのまま沖縄へやってきた。

●在日米軍基地の大幅な縮小が進んだが

ちなみにベトナム戦争で米軍が動員した総兵力はピーク時に五四万人だった。海兵隊は計八万人を投入している。これは海兵水陸両用軍（ＭＡＦ）二個分の兵力に相当する（一個軍は一個師団、一個航空団、一個役務支援群で構成し、兵力は四万から四万五〇〇〇人）。このうちの一個両用軍が沖縄に配備されたのだが、兵力はコンパクトな編成で、通常の両用軍の半分の一万六〇〇〇人でしかなかった。

沖縄に配備された海兵隊はスケルトン部隊と呼ばれている。がい骨なのだ。有事となれば本国から部隊を配備され、骨格に血肉が埋められる。それは現在も同じで、主にはハワイやカリフォルニアの海兵隊基地から部隊が派遣され、通常は紛争地に設けた前線基地で司令部と各種部隊が合流する。だから現地集合型の運用なので、平時は少ない兵力で基地管理部隊など組織の骨格を維持することになっている。

一旦は沖縄が第三海兵両用軍の定住地になるかに思われたのだが、すぐに足場がぐらつく。再び日本国内で起きた米軍基地問題が海兵隊の駐留を脅かした。

ベトナムから撤退した一九六八年、一月に原子力空母エンタープライズが佐世保に入港し、反対運動に油を注いだ。三月に米陸軍王子キャンプに開設した野戦病院に住民の反対運動が起きた。五月に佐世保の原子量潜水艦ソード・フィッシュが放射能漏れを起こし、六月には板付飛行場所属のＦ４ファントムが九州大学構内に墜落した。折しもベトナム反戦平和運動、安保闘争が燃え盛っているころだった。日米同盟を大きく揺るがす事態となっていた。

米政府は反米運動が全国に飛び火することを警戒し、在日米軍基地の大幅な縮小を進めることにした。そうして日米両政府が着手したのが関東一円に点在していた六基地の統合、いわゆる「関東計画」だった（東京の立川飛行場、府中空軍施設、水戸空対地射爆撃場、キャンプ朝霧、関東村住宅地区、ジョンソン飛行場住宅地区の返還が決まった）。

この基地閉鎖・削減、整理統合の中に沖縄に配備したばかりの海兵隊撤退も盛り込まれていた。海軍艦船の船で移動する海兵隊にとって地上基地がどこにあろうがそれほど大きな問題ではない。むしろ沖縄を含む日本国内の政治問題となることが、米政府の恐れるところだろう。有事に在日米軍基地が使えなくなるリスクを考慮すれば、海兵隊の沖縄駐留にこだわる必要はないわけだ。

●日本政府が海兵隊の撤退を引き留める

戦略・戦術に基づく高度な軍事方程式で基地はあるのだから、沖縄の基地は絶対だ、と考えるのは日本政府くらいだ。米側で撤退が検討されていた海兵隊を引き留めたのは日本政府だった。防衛庁幹部が日米安保協議で、「アジアにおける機動戦力の必要性を踏まえると、米国の海兵隊は維持されるべきだ」と主張した。

そのとき国防総省は、沖縄やハワイを含む太平洋地域のすべての海兵隊をカリフォルニアのキャンプペンドルトンに統合することが、安上がりで効率的な運用を可能にすると分析していた。ところが日本政府に対してはまったく違う説明をしていた。沖縄の海兵隊は中東や欧州にも展開するなど、どこへでも有事に対応できるため、即時に対応できる沖縄は地理的に最善の位置であるという内容だったという。

中東、欧州へも派遣される部隊がなぜ沖縄に常駐しなければならないのか。日本の防衛実務家たちはそんな疑問さえ抱かなかったのだろうか。米側の二枚舌もすさまじいが、それが外交の騙し合いだとすると米国の官僚が数枚も上手だ。日本の口から海兵隊の沖縄駐留を言わせることができた米外交官は、「日本の海兵隊重視は対日交渉のテコになる」と分析した。柔道でいえば奥襟を取られてしまった格好だ。

日本政府の不甲斐なさはいまも続く。この反応は典型的な「同盟ジレンマ」の〝捨てられる恐怖〟にさいなまれたリアクションだったと理解するほかにないだろう。米国が撤退可能と判断する在日米軍兵力であっても日本が引き止める。日米関係に詳しいジョージワシントン大学のマイク・モチヅキ教授は米軍駐留への欲求は裏返せば米国への不信であると分析している。なんでも欲しがるのは、結局そうしなければ米軍が日本防衛に真剣に対処してくれない、という不信感に根ざしたものだという。

要するに沖縄を人身御供にして米海兵隊という人質を捕まえておこうとする日本人のメンタリティーが沖縄基地問題の低層に沈殿している。

辺野古の埋立をこうも強権的に推し進めるのは、米国との約束を履行しなくては米国の信頼を失ってしまう、という「同盟のジレンマ」症状と受け止めればすんなり理解できそうである。これは理屈ではなく病理である。

まんまと日本政府に必要論を言わせることに成功した海兵隊は、七〇年代に、沖縄本島に点在する陸軍基地を受け継ぎ拡散していった。

第9章 冷戦後の沖縄海兵隊はどう位置づけられたのか？

「冷戦後、世界はより不安定になった。だから沖縄基地の戦略的な重要性は一層高まった」とよく言われる。冷戦終結により海兵隊の役割が広がったのは確かだ。しかしそれは軍事面というよりも新たな安全保障環境を念頭に置いたもだった。軍事主体ではない非伝統的安全保障といわれる分野で海兵隊の役割が重視されたことを意味している。

●アメリカは冷戦終了後に軍事態勢を改造した

冷戦の終結は米軍に新たな安保環境に合わせた自己改造を迫った。一九九〇年代に入ると、各軍とも戦略を見直した。これまでは各軍ともソ連軍のカウンターパートに対処する陣営を構築すればよかった。海軍は空母を大洋に展開させ、ソ連艦隊と向き合ってきた。海の中では原子力潜水艦を追いかけ合った。冷戦終結によって、敵という名の〝パートナー〟が忽然と目の前から姿を消してしまった。

そうすると軍事体制が解かれ、余分な空母、潜水艦、戦車、核弾頭、ミサイルなどに余剰が生じる。一九九〇年八月、ブッシュ大統領は九五年までに兵力を四分の一削減する計画を発表した。特に海軍の削減は大きく、艦船五二六隻を三一八隻に減らし、兵力も五七万人から三七万人に一気に引き下げるという大リストラだった。海軍の下部組織である海兵隊は兵力一七万人を一五万九〇〇〇人に引き下げることが決まった。沖縄配備の海兵隊がそのまま消滅してしまう数の削減案だった。海軍・海兵隊はすぐに戦略研究に着手した。

九〇年代にいくつかの戦略レポートが発表された。主要ポイントだけ記述すると、まず海軍は海兵隊との連携をより強めて、外洋シフトから沿岸部での活動を念頭に置く、という概念を打ち出す。新たな任務として人道支援活動やネーションビルディング（紛争後の復興支援）、平和維持活動、麻薬取引の国際犯罪防止、テロや地域紛争への対応などに照準を合わせた。よりコンパクトな態勢で世界のどこにでも出現する〝脅威〟に対処することを主任務と位置付けた。

新戦略に基づき沖縄の海兵隊も衣替えした。一九九二年九月に第三一海兵遠征隊（31ＭＥＵ）が配備されたのと同時に遠征隊を運ぶ海軍の強襲揚陸艦隊が長崎県佐世保港に配備された。これに伴い兵力は二万一〇〇〇人から三四〇〇人削られた。湾岸戦争に出動した戦車部隊（二個中隊）が沖縄に帰還せずそのまま米本国へ撤退した。戦車を欠いた在沖海兵隊は、遠征隊よりも大きな部隊編成である遠征旅団（ＭＥＢ）を単独で編成できなくなった。

海兵隊の組織を簡単に説明しよう。海兵隊は四つの機能（司令部、地上戦闘部隊、航空部隊、後方支援部隊）の組み合わせで動いている。対処すべき紛争の規模や種類などによって動員数を自在に変えることができるのが海兵隊の特色だ。大きな紛争事態には最大編成の海兵遠征軍（ＭＥＦ、四万五〇〇〇人）を出動させる。対テロといった局地的な戦闘には海兵遠征旅団（ＭＥＢ、一万五〇〇〇人）。それよりも小さな編成となる海兵遠征隊（ＭＥＵ、二〇〇〇人）は紛争地で逃げ遅れた市民の救出や特殊作戦、大規模災害の救難、人道支援活動といった任務を担うことになっている。

通常、ＭＥＵのみが常時編成されており、紛争に対応するＭＥＢ、ＭＥＦは緊急時に起動する。例えば建設工事の現場監督（司令官）が請け負った仕事の規模や種類に応じて倉庫から必要な工具を選び、作業員の数を決めて現場に向かうようなものだ。請負工事の有無にかかわらず、小型トラックで絶えず巡回し、建物の水漏れや電気修理に当たる保守点検班がＭＥＵの役割と言える。

●有事と平時は区別しなければならない

紛争が起きた時には米本国から大部隊を派遣する態勢になった。それがポスト冷戦の軍事態勢であり、東西対決の前線とされていたヨーロッパから陸軍が大幅に撤退したのもそうした考えに沿ったシフトだ。

大規模な紛争には米軍は総兵力四〇万から六〇万人というオーダーで大軍を動かす。湾岸戦争で五〇万人を動員し、このうち海兵隊は二個遠征軍（ＭＥＦ）の計九万三〇〇〇人を投入した。ヘリコプター一七七機、戦闘機や輸送機などの固定翼機一九四機を三～四ヶ月かけてすべて米本国から空輸している。ベトナム戦争や他の戦争でもそうであったように有事の主力部隊は本国から大移動してくるということだ。

有事と平時を区別して考えるのはイロハのイであるが、どうも日本では「沖縄の基地がなくなると中国が攻めてくる」という極端な議論が横行するから話がややこしい。在沖米軍の主力である海兵隊が冷戦後に三四〇〇人減り、現在進行中の米軍再編でさらに九〇〇〇人もの兵力が沖縄からグアムや豪州などへ退く。中国の軍事的脅威が顕在化する中で、なぜそうした分散配置が可能かという理由を「中国の射程の外に部隊を移動した」と解説する日本の専門家がいるが、まるで見当違いだ。冷戦後の戦略見直しにより、海軍・海兵隊による米軍プレゼンスはＭＥＵが担うことになったため、沖縄には31ＭＥＵのみを残しておけばいいという単純な理由なのだ。

これらは平時を前提とした駐留であり、有事態勢と混同しては論理性がなくなる。日本は常在戦場のメンタリティーが強いせいか、実際には兵力はどんどん減っているのに沖縄の基地が最後の砦と勘違いしたちぐはぐな議論がまかり通る。空軍の嘉手納基地は残るのだから、中国ミサイルの射程うんぬんは空軍には当てはまらないのか、というツッコミに答えられまい。こうした理解のなさが沖縄問題を解決不能にしている元凶である。

政府は沖縄に海兵隊が駐留しなければならない理由のひとつに、朝鮮半島情勢を挙げている。もはや気の毒なほど論理性が欠如している。二〇〇三年の韓国国防省文書には朝鮮半島有事の米軍増派計画は計六九万人という数字がある。このうち海兵隊は二個遠征軍とあるので、湾岸戦争時と同様に八～九万人である。空軍は三二個航空団、一六〇〇機を投入すると記載されている。空軍嘉手納基地の第一八航空団の主力F15は五〇機なので、そのほんの一部に過ぎないことがわかる。

近年、この作戦計画が見直され、特殊作戦部隊を中心とした作戦になると報じられている。今後、MEU規模に縮小する沖縄の海兵隊ができるオペレーションは民間人の救出作戦くらいだろう。

政府が繰り返し強調している「地理的優位性」「安全保障」「抑止力」といった言葉はいったいどのような事態を想定し、海兵隊がどのような役割を担うというのだろうか。論理的な説明はまったくない。一つだけ確かなことは、辺野古埋め立ての巨額の工事費の領収書は国民に回ってくるということだ。

第10章 アジアには冷戦構造が残っており海兵隊は不可欠か？

これも専門家からよく聞くフレーズだ。まさに目の前で起きている米軍再編、海兵隊の大幅削減をどう理解しているのだろうか？

ポスト冷戦の平時シフトで海兵隊はMEU主体の前方展開態勢に切り替えたことはすでに説明した。次はその運用について詳しく見ていこう。

●MEUはどのように運用されているか

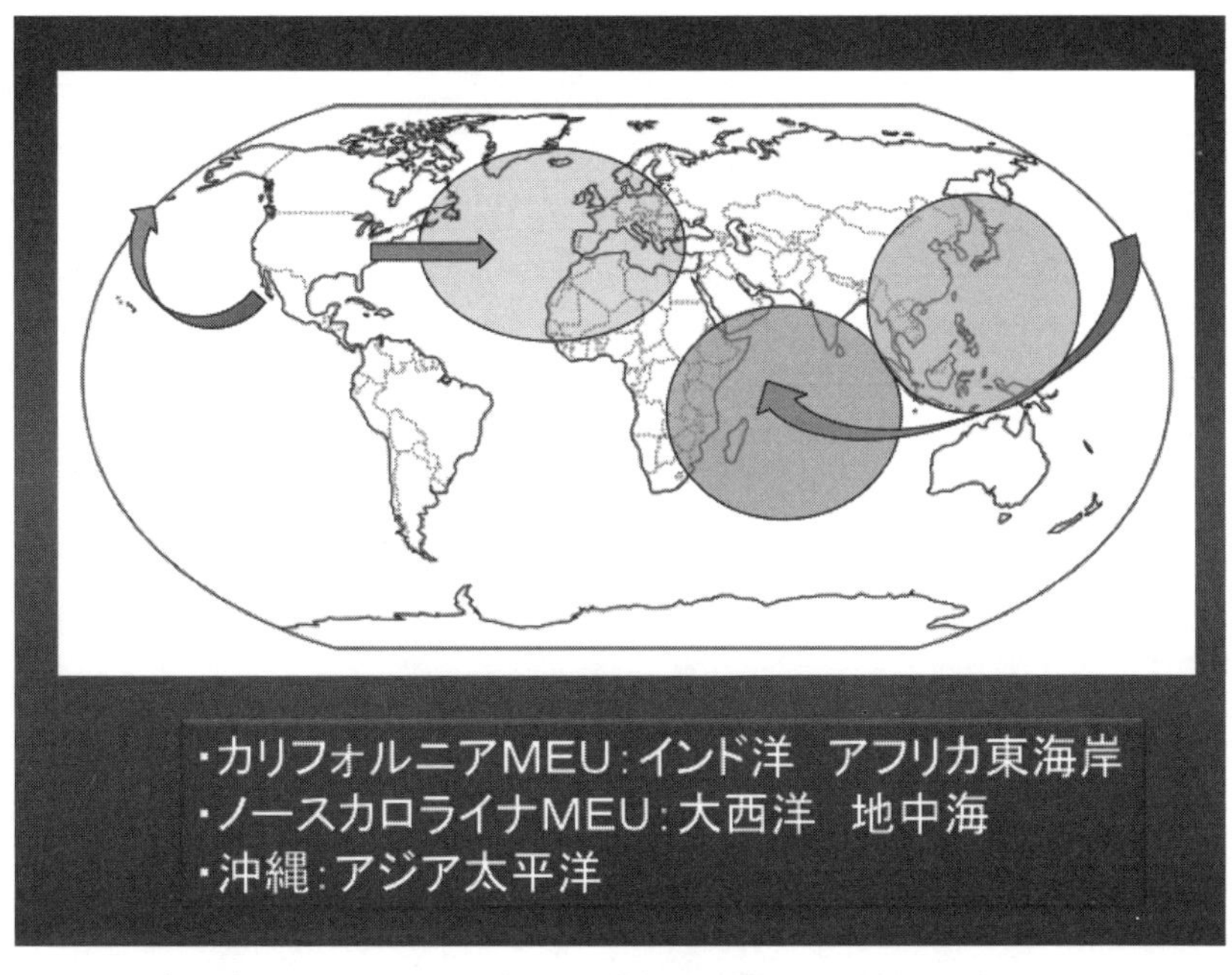

（図１）MEU展開図。太平洋以外は米本国から派遣されている。

沖縄の31ＭＥＵの発足により、海兵隊が運用するＭＥＵは合計七個になった。カリフォルニアのペンドルトン基地に三個（第11、13、15ＭＥＵ）、ノースカロライナのキャンプ・レジューン基地に三個（第22、24、26ＭＥＵ）で、世界の海を３分割し常時洋上展開することで即応体制を維持している。

図１で示されている通り、カリフォルニアのＭＥＵは太平洋を横断し、インド洋からアフリカ東海岸、中東などをカバーしている。ノースカロライナのＭＥＵは大西洋から地中海、アフリカなどで活動する。

「中国が攻めてきたとき」「北朝鮮が暴走したとき」といった有事と、アジア太平洋地域で中国人民解放軍も交えた共同訓練＝軍事外交を展開する平時のオペレーションは区別して考えなければならない。なんでもすぐに有事を想定するのは危険な発想で現状を見誤っている。米海兵隊はそのような態勢でないことをまず理解しておく必要があ

海兵遠征隊（MEU）の任務		
非戦闘員救出作戦	人道支援活動	シビックアクション
情報収集	人質奪還	海上阻止活動
油田掘削施設の確保、破壊	空港確保	限定攻撃
撹乱作戦	警備活動	電子戦闘
海浜強襲	都市部の作戦	スパイ対策活動

（表１）出展：Proceedings 1994 年 8 月号 p38 より筆者和訳

る。

ＭＥＵが対処できるのは非戦闘員救出作戦、人質奪還、人道支援・災害救援といった任務に限定されている（表1参照）。非戦闘員救出は紛争状態になった国で米国大使館に避難した米市民を救出するシナリオが想定されている。沖合の艦船からＭＥＵの上陸部隊が大使館のある都市部に進出し、米市民を避難させる。海兵隊は国と国とが正規軍を衝突させる戦争だけではなく、暴動や紛争、テロや大規模自然災害、人道支援など幅広い分野におけるオペレーションに備えている。

また、沖縄の31ＭＥＵが任務エリアとするアジア太平洋地域では洋上オペレーションを重視しており、沖縄に派遣される六ヶ月前から始まる訓練プログラムの中で不審船に対する停船、立入、捜索、取り押さえ、といったメニューも組み込まれている。担当エリアで地政学上の戦略的な重要航路・水路（チョークポイント）としてマラッカ海峡がある。

●海兵隊全体の運用はどうか

図2は海兵遠征隊の活動エリアと部隊配置などを示している（海兵隊が定期的にインターネット上で公開する前方展開の概要説明から抜粋）。南太平洋にあるＡＲＧＭＥＵの円は31ＭＥＵの活動エリアを示しており、東南アジアが主要な展開方面であることがわかる。二〇二〇年までの前方展開をイラ

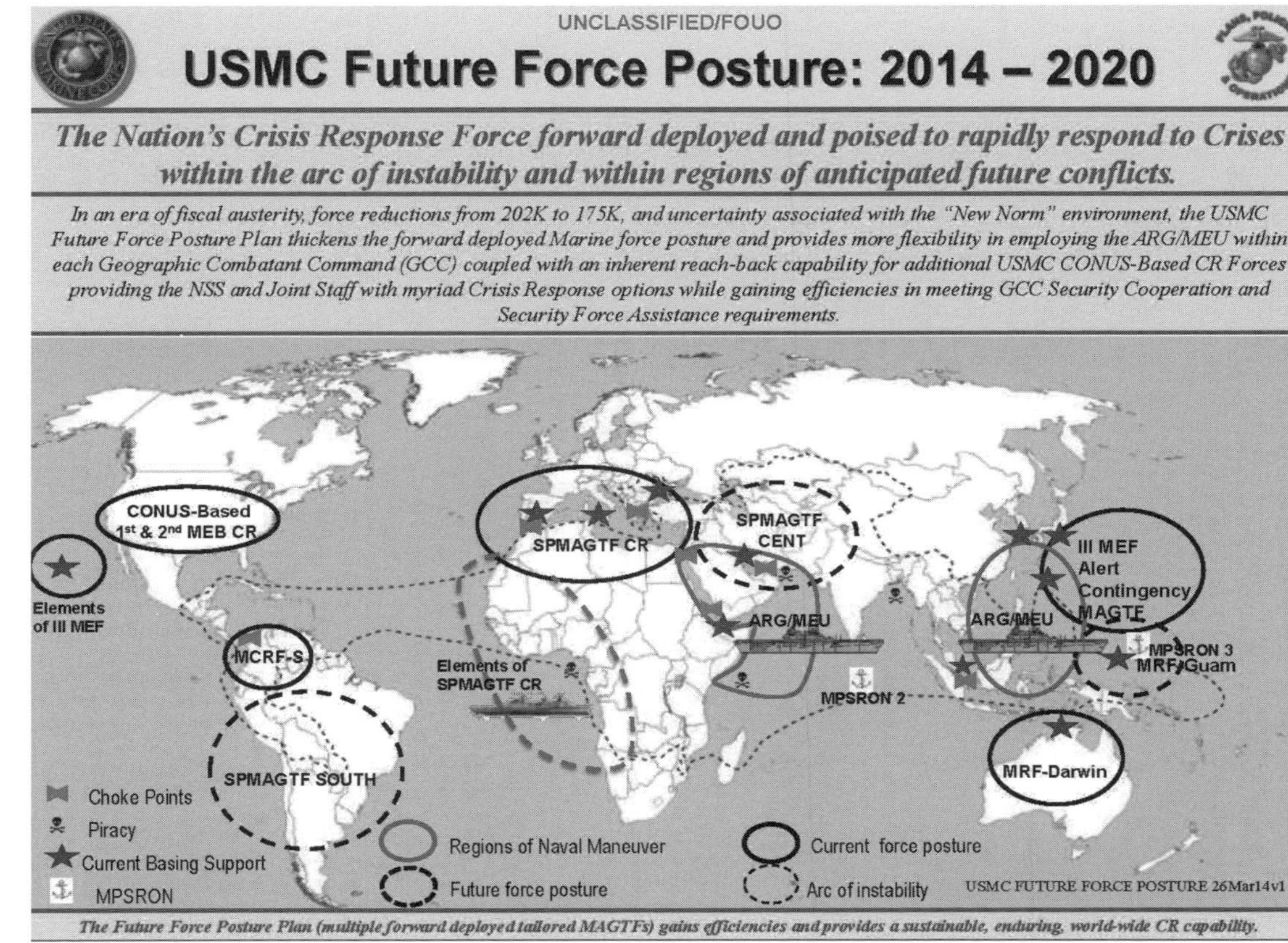

（図２）海兵隊フォースポスチャー、2014 年から 2020 年（海兵隊 HP より）

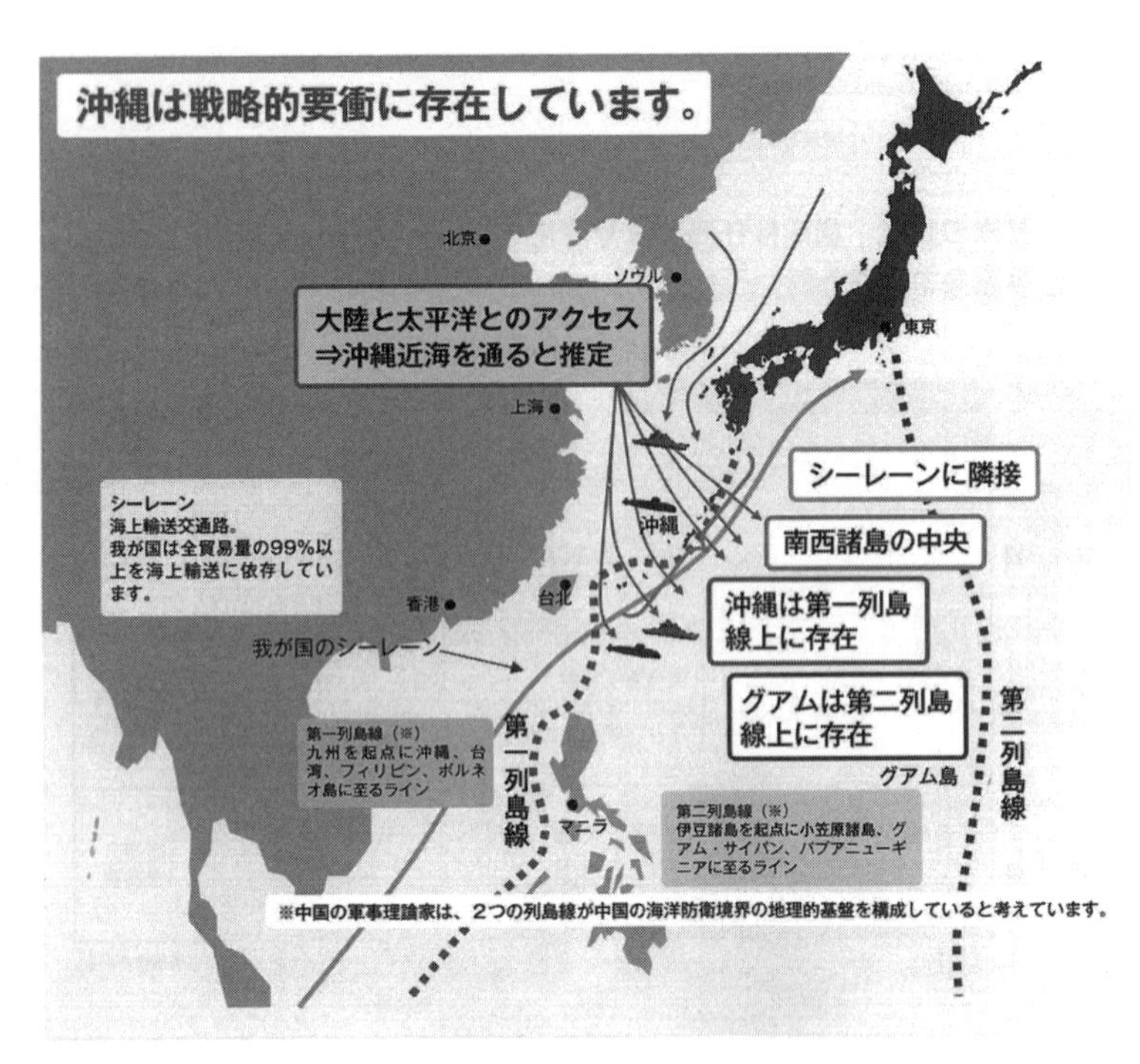

（図3）防衛省が示す沖縄の戦略的位置

スト化したこの図には、米国が関与を強化すべきだと主張する「不安定の弧」が細い破線で記されおり、「将来的に起こり得る紛争、不安定の弧への即応態勢」と書かれている。

「不安定の弧」は中米からアフリカ、中東、中央アジア、東南アジアを囲む広いエリアであり、MEUが分担して世界の海を洋上パトロールしている。沖縄に駐留する海兵隊もその戦略概念の中で活動しており、政府が強調する地理的概念はただ単に特定地域から沖縄までの距離を測っただけの地図の〝見方〟にすぎないことが分かる。地図の見方と機能論的な地図の〝読み方〟は区別すべきであることは言うまでもない。地図を広げて危機感を煽ったりするのは祈祷師か詐欺師の類だろう。

日本の防衛省がイメージする沖縄の戦略的位置とは図3で示されている（出典は「在

日米軍・海兵隊の意義及び役割」防衛省)。前掲の海兵隊配置図と比較すると、日米の視野の違いが浮き彫りになる。

●日本政府は視野狭窄に陥っている

図3では中国方面から出航したように見える艦船が沖縄近海を通行し太平洋へ進出することを示している(出港がどこからかあいまいにしている)。このため沖縄でそれらを監視する必要があり、さらにシーレーンに隣接している沖縄に海兵隊が駐留することが我が国の安全保障にとって不可欠だと主張している。

そもそも論ではあるが、中国艦船にも公海を航行する自由があり、太平洋地域へ出て行くことも止めようがない。太平洋地域へ出て行く艦船を警戒する理由が説明されていない。中国艦船が太平洋で出て何をするというのだろうか。しかも海兵隊は地上戦力であって海上で戦う戦力ではない。

そこで政府は「抑止論」を持ち出す。公海を航行している仮想敵軍艦をどう抑止するのか。中国が九州から沖縄やフィリピンに沿って第一列島線を引き、その内側で米軍を排除する能力を保持しようとしている。将来的には第二列島線で太平洋への覇権を画策している。それは事実なのだが、それと沖縄の海兵隊配備とはおそらく無関係だ。海兵隊が佐世保配備の艦船で中国軍艦を臨検し、動きを封じるという活動はやっていない。仮にそのような事態ではもはや米中は軍事的な対立状態だ。それは有事であり、沖縄駐留の海兵隊1万人足らずで対応する次元ではなくなっている。

日本政府の視野は狭窄している。米国は望遠鏡でアジアを眺めながら海兵遠征隊の任務を検討しているときに、日本は顕微鏡で尖閣周辺を覗いているようだ。

第11章

第3章にある米中共同演習について詳しく知りたいのですが？

沖縄の31MEUは中国人民解放軍を招いて、フィリピンやタイ国で人道支援、災害救援活動をテーマにした共同演習を毎年行っている。ハワイ近海、アフリカのアデン湾でも海賊対策、海難救援活動の米中共同訓練も行われるようになった。かつて中ソを封じ込めるための環太平洋軍事演習（リムパック）へも中国軍は参加するようになった。米中は経済関係だけでなく、安保分野における対話もすでに進化しつつある。

海兵隊が冷戦後に力を入れているのが人道支援と災害救援活動であり、アジア各国の軍隊が協力体制を構築する共通のプラットフォームを提供してくれる。近年はフィリピンやタイで開催される多国間共同演習に中国人民解放軍が参加している。二〇一四年四月のフィリピン「バリカタン2014」で大規模な自然災害を想定した多国間机上訓練に中国軍が初参加した。翌一五年二月のタイ「コブラゴールド2015」には実働部隊の中国陸軍兵士が人道支援活動に参加し、タイ山岳部で米軍をはじめアジアの多国籍軍とともに小学校の校舎修繕に取り組んだ。そして二〇一六年二月にも同様に多国間演習に積極参加している。一六年のコブラゴールドは二七ヶ国が参加し、中国のほかにも自衛隊はもちろん、韓国軍、ベトナム軍、オーストラリア軍、ニュージーランド軍などがさまざまな訓練メニューをこなしている。インド軍などオブザーバー参加を含めると三五ヶ国にもなるアジア最大の国際共同演習だ。

フィリピンやベトナムと中国は南沙諸島をめぐる領土紛争を抱えるものの、人道支援、自然災害対処といった国境を越えた全人類的な課題には互いに協力しようする取り組みだ。31MEUの構成部隊は米本国から沖縄に派遣されると所定の訓練を終えた後、長崎県佐世保の艦船に乗り込み、アジア太平洋地域へと航行する。アジア各国との共同演習など軍事外交を軸とした安全保障体制の構築を目指している。

共同演習とはいえ、中国軍はいまのところ人道支援、災害救援部門での参加にとどまっている。軍事的な共同作戦を想定した訓練とまではいかない状況がある。この一面を捉えて、やはり中国軍は警戒対象であり、気を許すべきではない、という見方はなお根強くあるのも事実だ。しかし、それでは常に角を付き合わせておくべきなのか、という問いにどのような回答を持ち得るのだろうか。

いま米国が採っているアジア戦略は軍事一辺倒ではなく、軍事のハードパワーと人道支援・災害救援などのソフトパワーを組み合わせたスマートパワーと呼ばれる関与政策だ。中国は無視するにはすでに大きすぎる。どのように付き合うかが安保政策であり、顔を背けてばかりではも何も始まらない。米軍は定期的な国際共同訓練や米中二国間でも積極的に軍事交流を推進している。

これが沖縄に駐留する海兵隊の主要任務となっている。二〇〇〇年代に始まった冷戦後の米軍再編によって、沖縄の海兵隊はMEU主体の運用となる。それは今後も米国はアジア戦略としてスマートパワーを維持する意向であることを意味しているのだろう。

さて日本はどうするのだろうか。安倍政権にとって不都合な真実は沖縄の海兵隊がMEUに縮小され、中国を含めた多国間共同訓練などを通してアジア広域の安全保障政策を維持・発展させていこうとする役割を担っていることだろう。中国は尖閣を狙っており、地理的に近い沖縄で海兵隊は常に警戒態勢になければ、日本政府にとって辻褄があわないのだ。冷戦時代の筋書きをいまも一人演じている。いったいこの国はアジアでどう生きていこうというのだろうか。

第12章

世界的な米軍再編下での沖縄海兵隊の位置づけは？

沖縄の基地集中を説明するときに「地政学」がたびたび持ち出される。国際政治の動きを地理で説明しようとする学問だが、これもまたざっくりとしている。地政学はドイツの学者が「国家は国力に相応の資源を得るための生存圏を必要とする」と定義したため、ナチズムの対外侵略に理論的支柱を与えてしまったといわれる。帝国主義が当たり前だった二〇世紀の学問とみなされている。

仮に海兵隊が沖縄から撤退したとしても、極東最大の空軍嘉手納基地は存続される。嘉手納の基地群は本土にある主要米軍基地のすべてを合わせた面積よりも大きいのだから、その存在感は圧倒的だ。地政学をもってしても海兵隊が沖縄に駐留しなければならない論拠にはならない。

アジア太平洋地域を碁盤にみたてて、日米が海兵隊を沖縄に置かなければ布陣が崩れたり、勢力を減退させたりする事態は想定しにくい。なぜなら実質的な撤退はすでに始まっているからだ。いままさに進行中の米軍再編の中身をみれば分かることだ。

●米軍再編の開始と沖縄海兵隊削減問題

二〇〇〇年代に始まった世界規模の米軍再編は当初、冷戦終結を受けた米軍全体のリストラのことで、多くはヨーロッパでソ連と向き合っていた陸軍を縮小することが大きな目的だった。太平洋に展開する海兵隊には無縁だと言われていた。ところが二〇〇三年、ラムズフェルド米国防長官の沖縄訪問が海兵隊削減のきっかけとなった。普天間飛行場を空から視察し、住宅地に囲まれた危険な状態に驚いた。当時の稲嶺恵一沖縄県知事からも厳しく基地削減を求められた。その直後から海兵隊削減が日米間交渉のテーブルにドンと置かれてしまった。日米双方の交渉スタッフは当初、米軍再編によって在日米軍と自衛隊の統合運用の向上、陸軍師団司令部の日本配備などをテーマに話し合いを進めていた。沖縄マターは一九九六年一二月に合意した基地の整理統合計画を粛々と実施していくことで片付いていた。ところがラムズフェルド長官の鶴の一声で海兵隊が再編協議に突然加えられた。

そうしてまとめられた二〇〇五、〇六年の日米合意は、一万八〇〇〇人のうち八〇〇〇人を沖縄からグアムへ移転させることを決めた。海兵隊司令部と後方支援部隊をグアムへ、地上戦闘部隊と航空部隊を沖縄に残すという内容だった。

ここで確認しておきたいのは、このグアム移転の目的が「沖縄の負担軽減」にあったことだ。ラムズフェルド長官の政治判断であり、決して米海兵隊の運用が変わったからではない。地政学を持ち出したがる人たちは、海兵隊の運用と沖縄駐留の必要性を結びつけたがるが、軍隊の配置とは政治意思であり、決して軍隊の都合によるものではない。これほどの兵力移転を地政学や戦略、軍事合理性で説明することは不可能である。

グアム移転が決まった時、日本国内の専門家の間では、中国のミサイル攻撃の脅威により沖縄の脆弱性が高まったため、分散配置する新戦略である、とまことしやかに言われていた。それが正しいのなら海兵隊よりも重要とされる空軍嘉手納基地も危ないはずだが、専門家からは嘉手納については全く言及されていない。おかしな話だ。

海兵隊は司令部、地上部隊、航空部隊、補給部隊の四要素が常にワンセットとなって運用されている。ところが米軍再編で明らかになったのは、海兵隊は機能を分散しても運用可能だということだ。もちろん分散配置は輸送や通信コストを増大させるが、機能を損ねるようなことはない。

●基地をどこに置くかで軍の行動は地理的に限定されない

かつてフィリピンのルソン島に存在していた米空軍クラーク基地がピナツボ火山の大噴火によって閉鎖され、所属航空団はグアムの空軍アンダーセン基地に移転した。冷戦期にインドシナ半島をにらみ、現在は中国との領土紛争があるフィリピンは、米太平洋戦略の要衝とされてきた。米軍の運用が地理によって規定されるとすれば、米空軍はフィリピンの基地を失ったことで東南アジアでのオペレーションが不能となってしまう。

ところが米空軍は現在も同じ任務を遂行している。空中給油機が距離のギャップを埋めてくれるからだ。このように基地をどう使うかは軍隊が持つ資産（アセッツ）によって成立するものであって、地理的に行動が限定されるものではない。もちろん任務地に近接していれば便利であり、コストパフォーマンスも良好であるはずだが、そのことが絶対条件ではないことは海兵隊の分散配置によって証明されている。筆者がハワイでインタビューした太平洋空軍司令部の作戦部長はこう話していた。

「コンピュータに例えるなら、基地施設はハードで、運用はソフトである。ハードが変わればソフトを書き換えればよい。軍隊はそのように臨機応変でなくてはならない」。ハードが変わっても軍事資産の組み合わせによっていかようにも対応できる。そうできなければ存在意義がない、ということだろう。いつどこでも、そしてどこからでも対応できるのが世界最強のアメリカ軍だからだ。

米軍再編によって海兵隊は司令部と補給部隊をグアムへ移転させても運用は維持できる。例えばグアム移転が未実施の現状でいま、フィリピンで地域紛争が発生したとしよう。海兵隊は沖縄から地上部隊、航空部隊、補給部隊の全機能を急派する。沖縄駐留の兵力だけでは足りないため、ハワイのカネオヘ・ベイ海兵隊基地からも同様に各種部隊がフィリピンへ向かう。沖縄の司令部が現地で合流し、統合指揮する。

再編後、グアムへ司令部と補給部隊が移転した場合はどうなるだろうか（〇五年、〇六年合意）。沖縄から地上部隊、航空部隊がフィリピンへ急派され、グアムから補給部隊と司令部が現地へ向かう。ハワイからも各部隊が急行し、現地で合流する。現地集合型の運用なので、再編前後の展開に違いはない。

緊急事態のレベルによるが、紛争など有事対応は紛争地で現地集合するか、あるいは大規模な戦闘になると周辺の同盟国に前線基地を構えて十分に準備を整えて一気に攻め込むというパターンになる。このため部隊配置は分散していてもまったく不都合はない。米軍再編はその事実を明らかにしてくれた。

●その後も米軍再編は続いている

そして米軍再編は二〇一二年に見直された。沖縄に司令部と31MEUのみを残し、他はグアム、オーストラリア、ハワイなどへ分散配置する。グアムへは計約五〇〇〇人（地上戦闘兵力の主軸である第四海兵連隊と補給部隊の一部、第3MEB司令部）が移転するほか、オスプレイ飛行隊、ヘリコプター分遣隊などが新たに配備される。ハワイへは約二〇〇〇人（第一二砲兵連隊司令部と補給部隊の一部）が移転する。また新たにオーストラリアのダーウィンで基地を確保し、ローテーションで二五〇〇人（上陸大隊、補給大隊をはじめヘリコプター部隊など海兵隊の機能一式）が展開することになる。もはやバラバラに分離配置されることになる。

この変更で目を見張るのは海兵隊の主軸である地上戦闘力の第四海兵連隊（歩兵）がグアムへ、第一二海兵連隊司令部（砲兵）がハワイへ移転することだ。連隊規模の部隊は沖縄から消滅し、海兵隊にとって沖縄は実質的にはMEUを運用するだけの基地となる。長崎県佐世保の艦船でアジア太平洋地域を巡回し、米国のプレ

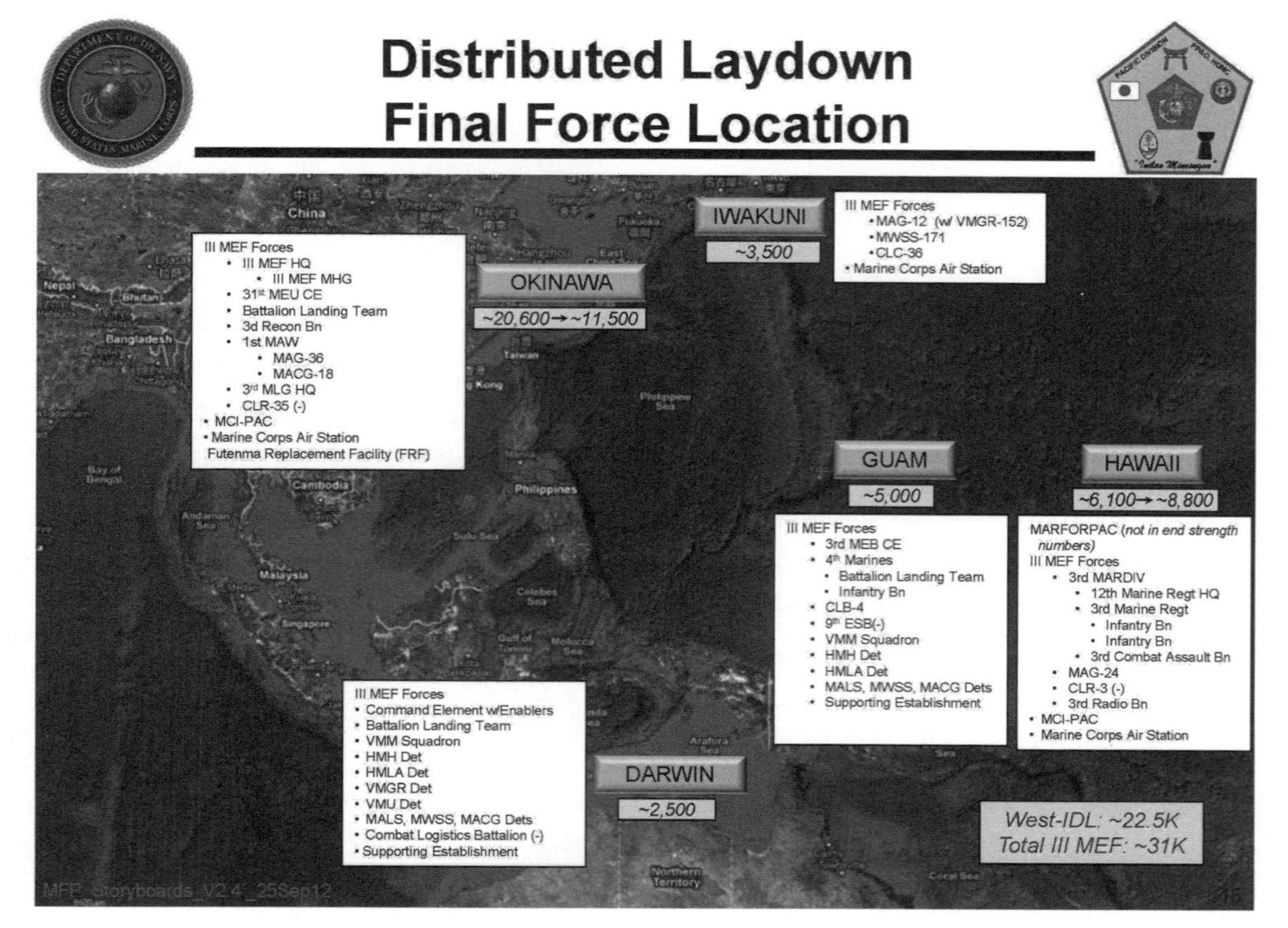

（図４）米軍再編後の最終的な海兵隊の配備態勢（海兵隊 HP より）

ゼンスを示す旗手として、同盟国や友好国、中国軍とも共同訓練を実施しながらアジアの安全保障を担う仕事を今後とも主要任務として続けていく体制には変わりない。この変化を地政学の信奉者はどう説明するのだろうか。右ページの図４のイラストは再編後の最終的な配備態勢を示している。

このように分散配置が進めば、ＭＥＵをなぜ沖縄へ配備し続ける必要があるのかさえ説明できなくなる。アジア太平洋を回遊する機動部隊のＭＥＵはなぜハワイやグアムでなく、沖縄に駐留させる必要があるのか？合理的な説明は不可能だ。司令部だけを沖縄に残すというオプションもあり得ることだ。

第13章

実力部隊が沖縄から退くと尖閣が狙われるのか？

普天間航空基地の機能を名護市辺野古に移転することの適否を判断するとき、海兵隊の運用実態を念頭に検証する必要がある。

●海兵隊は沖縄にいることが不可欠と誰が考えているのか

日本政府は離島防衛などの役割があるため輸送艦と部隊との位置関係は必ずしも重要ではない、と主張している。しかしその考えの主語はいったい誰だろうか。米政府がそう考えているということか、それとも日本側の解釈なのか、実にあいまいだ。

既述の通り、一九五〇年代後半に沖縄の基地過密状態を解消するためのグアム移転案、ベトナム戦争後の本国撤退案があった。さらに九〇年代にも沖縄で起きた米海兵隊員による少女暴行事件で住民の反対運動が燃え盛り、米政府は海兵隊の本土移転にも柔軟な姿勢を示したが、この時にも日本政府が沖縄に押しとどめた。米軍再編をめぐる日米協議の中でも、米政府は海兵隊の一部一万五〇〇〇人を山口県岩国基地に移転しよう、と提案したが日本側がそれを拒絶している。安倍政権もオスプレイの飛行訓練を本土で受け入れようと、佐賀空港への訓練移転を検討したが、地元の反対で頓挫した。

これらの事実は、沖縄でなければ海兵隊は機能しないなどとは誰も考えていないことを示している。それなのに、どこから海兵隊は沖縄にという発想が生まれるのか、誰がそう考えているのかが判然としない。

このように沖縄基地問題をめぐる政府の主張には主語が欠落していることがあまりにも多い。地図をみれば確かに沖縄は地理的に東南アジアに近い位置にある。繰り返しになるが、それは地図の見方を述べているに過ぎず、海兵隊の機能、運用を重ねたてみた「地図の読み方」ではない。政府が沖縄県を訴えた裁判でも主語なしの文章で、機能論的な論議もあいまいなまま、ただ沖縄の地理を執拗に強調している。沖縄から外出することが多いＭＥＵの運用を踏まえるなら沖縄の地理的優位性と基地配置の必然性を立証するのは不可能なのだ。

南西諸島防衛を海兵隊が担うという日米合意など存在しない。ましてや尖閣諸島が奪われた時、それを取り返すために海兵隊が沖縄に駐留しなければならないというのも空理空論だ。海兵隊はそのような事態が起きないよう軍事交流を推進し、中国も交えて人道支援、災害救援の国際協力体制を構築しようと努力している。米側はむしろ尖閣の領土問題で日中が熱くならないでほしい、と考えているのだ。

海兵隊は即応能力の高い機動展開部隊なので、沖縄を拠点としなければ仕事ができない、と言うはずもない。海兵隊が沖縄でなくては機能しない、と運用条件を勝手に限定する身勝手な解釈をしているのは日本政府である。MEUの移動手段が佐世保にあるという事実に対して日本政府は、艦船に乗らない任務もあると言い張っている。ことほど左様に意固地な政府に問題解決の能力と意志があるのかが疑わしい。

●政府は沖縄に海兵隊を置くことの合理性を裁判で説明していない

普天間飛行場の返還合意は一九九五年九月の少女暴行事件がきかっけだった。政府は普天間の危険性除去が原点であると主張しているが、要するに目指すのは「沖縄の負担軽減」である。米政府もそう認識していたことは、少女暴行事件直後の九五年一〇月にペリー国防長官が「日本政府のあらゆる提案も考慮する」と表明したことからも明らかだ。負担軽減の方策として、ジョセフ・ナイ国防次官補も当時、「沖縄から本土へ部隊を移転することも長期的に検討できる」と説明している。

この時、米側は海兵隊の北海道移転を日本政府に打診していた。筆者が二〇一〇年九月にインタビューした守屋武昌元防衛事務次官はそう言明した。守屋氏によると、沖縄問題の解決策として米国防総省のカート・キャンベル次官補代理は、「海兵隊を北海道へ移転してもいい」と伝えたという。

この場合、海兵隊の機能を維持したままの移転は空陸一体性から普天間飛行場のみならず、地上戦闘部隊も含め大部分の兵力を移転することになっただろう。キャンベル次官補代理の提案を日本側が受け入れなかった理由について、守屋氏は当時沖縄の海兵隊演習場から本土五箇所の自衛隊演習場へ実弾砲撃演習を移転したときの住民の反発を挙げた。訓練移転でさえあれほどの反発があり、ましてや海兵隊移転となると政府として政治的リスクを抱えきれないということだった。

名護市辺野古の埋め立て事業をめぐる政府による代執行訴訟（二〇一五年一〇月提訴）で、政府は埋立事業について検討されるのは、「在沖海兵隊をどこへ移設するか」ではなく、「在沖米軍海兵隊の航空部隊をどこへ移設するか」であるから、沖縄県が主張するような、「在沖海兵隊が、国内の他の都道府県に移転した場合」を論じる場面ではないと主張している。逃げを打ってきた。

しかし裁判は辺野古埋立の事業合理性に疑義があることが、沖縄と政府との主要な対立点であることからすれば、沖縄に海兵隊が駐留しなければならない合理性を政府は証明しなければならないはずだ。この論議に政府が乗ってこないのは、証明不能だからだ（第三部で詳述する）。

沖縄駐留が運用上の絶対条件でないとすれば、政府が主張する「抑止力の維持」「日本の防衛」「安全保障」を理由とした埋立事業の正当性が瓦解するのである。それは海兵隊の運用実態、海兵隊が沖縄に移転した経緯、米政府が沖縄撤退を幾度か検討した史実から明らかである。さらに米軍再編で在沖海兵隊を分散配置する理由は「沖縄の負担軽減」という政治判断である。ＭＥＵと司令部を残し兵力半減を決めた日米合意そのものが、日本政府が繰り返す「安全保障」「抑止力の維持」といった論理の矛盾を自ら明かしている。

「安全保障環境が厳しさを増している」という安倍首相のキャッチフレーズに信憑性があるのかどうか検証する必要がある。なぜならこの言葉を振りかざす政治勢力が憲法改正を推し進めようとしているからだ。

第三部

国と沖縄県の裁判闘争・和解をめぐって

第14章 裁判から和解に至った経緯はどんなものか？

二〇一五年一〇月に政府が辺野古埋め立てに反対する沖縄県を提訴した代執行訴訟は、翌一六年三月に裁判所の仲介で和解が成立した。辺野古埋め立てをめぐる政府と沖縄県の裁判は仕切り直しとなった。

通常は、中央と地方の対立を解消する法的手続きとして、政府は地方に是正命令を出し、地方は「国地方係争処理委員会」に不服申し立てをする。同委員会が地方の主張が間違っていると評決した場合、地方は裁判所に訴える。ところが安倍内閣はこうした手続きを無視して、一気に沖縄県の権限を剥奪する強制代執行訴訟に打って出た。しかもその論理は実に高圧的で、安全保障、外交、軍事は国がすべてを決める、という主張だ。沖縄県はおろか裁判所でさえ口を挟むべきではない、と言い放った。

地方自治と外交・防衛の板挟みになった裁判所は和解案を提示し、もう一度双方が話し合い「円満解決」に向けた解決策を探るように促した。政府はこの和解を受け入れ、「政府・沖縄県協議会」を設置したが、安倍首相、菅官房長官とも「辺野古埋め立てが唯一の解決策」というスタンスをあらゆる場で繰り返している。本来なら早く勝訴判決を得て、埋め立て工事を進めたかったはずの政府が和解を受けれたのは、おそらく思い通りの勝訴判決を得るのが難しいと踏んだのだろう。結局和解を受けるほかなかっのだが、今後の訴訟手続きには約一年を要するとみられており、政府は大きなタイムロスを余儀なくされた。

しかもその和解が日米首脳会談でも話題にあがったというから驚く。三月三一日、ワシントンでの首脳会談で、オバマ大統領が和解による計画の遅れを懸念し、安倍首相が「急がば回れです」と釈明した。日米首脳同士が話し合う大事なテーマは他になかったのだろうか。

かつて取材した米外交官の話を思い出した。二〇〇一年三月、森喜朗首相がワシントンでブッシュ大統領と会談し、稲嶺沖縄県知事が普天間の代替施設に軍事利用の一五年期限を求めていると伝えた。期限後には民間専用空港として利用する構想だった。稲嶺知事の選挙公約であり、県内移設を容認する上で譲れない一線としていた。

「困難な問題だ。国際情勢に照らして考えないといけない。米軍のプレゼンスは重要だ」。ブッシュ大統領はそう答えた。日本の国内メディアは一斉に「一五年期限、大統領が否定」と報じ、県内移設を容認していた稲嶺知事は窮地に立たされた。

筆者は知り合いの米外交官にこう質問した。「日本側が提供する施設に日本が一五年期限を設けようが米側の関知するところではないはずだ。日本は提供義務を果たせばいいだけであって、沖縄との約束は内政ではないか」。米側にすれば米軍が運用上必要とする施設が提供されていればいいことだ。この外交官はすべてを知っているかのような顔つきで、「大人の気遣いだよ」と語った。基地容認の知事が掲げた条件を降ろさせるために、森首相はブッシュ大統領の口を借りた。ワシントンのアナウンス効果は絶大で、日本では決定的な意味を持つ。沖縄の求めを拒否する悪役をブッシュが買って出たということが、「大人の気遣い」なのだという。

オバマ大統領が内政干渉とも見られかねない日本の裁判和解への言及もまた「大人の気遣い」なのか。首脳会談は概ね官僚の事前打ち合わせで話題が決まるのだが、裁判の和解を話題に挙げたのは日米官僚のどちらだったのか。外務省は俗に言う「外圧」を日本の内政に利用するといわれる。今回の〝急がば回れ宣言〟もそんな類ではなかろうか。普天間飛行場の返還合意から二〇年、同じ話題を繰り返している。

第三部では、政府がどのように辺野古埋め立ての必要性を論証しようとしたのかを詳述する。その論理は破綻している。日米外交が同じ場所で足踏みするのもそうした論理性の欠如に起因している。

第15章 裁判所の和解勧告のポイントは何か？

まずは代執行訴訟で裁判所が提示した和解勧告文で注目箇所を抜粋する。

●裁判所は沖縄県側が勝訴すると判断しているのではないか

「本来あるべき姿としては、沖縄を含めオールジャパンで最善の解決策を合意して、米国に協力を求めるべきである。そうなれば、米国としても、大幅な改革を含めて積極的に協力をしようという契機となりうる」

この文章を逆読みすると、日本は沖縄だけに難問を押し付け、改革を避けている。日本がその気になれば米国だって協力するはずだが、そのような可能性を日本は顧みない、ということだ。さらに勧告文は今後の見通しにも言及している。

「今後も裁判で争うとすると、仮に本件訴訟で国が勝ったとしても、さらに今後、埋立承認の撤回がされたり、設計変更に伴う変更承認が必要となったりすることが予想され、延々と法廷闘争が続く可能性があり、それらでも勝ち続ける保証はない。むしろ、後者については、知事の広範な裁量が認められて敗訴するリスクは高い。

仮に国が勝ち続けるにしても、工事が相当程度遅延するであろう。他方、県が勝ったとしても、辺野古移設が唯一の解決策だと主張する国がそれ以外の方法はありえないとして、普天間飛行場の返還を求めないとしたら、沖縄だけで米国と交渉して普天間飛行場の返還を実現できるとは思えない」

この和解勧告を平たく読めば、裁判所はこの係争は最終的に沖縄県側が勝訴すると判断している。今回の埋め立て承認訴訟で国が勝訴したにしても、工事が進むうちに大型工事には計画見直しが付き物で、その承認は知事の権限だ。一〇回を超える途中見直しが想定されるとの見方もあり、その度に裁判沙汰となり、国が連勝することはあり得ないと裁判所は指摘する。すると普天間の移設は頓挫するが、「世界一危険」と悪名高い普天間を使い続けることも不合理なので、いずれ日米両政府は代替案を検討せざるを得なくなる。

この見識こそが正常なのだ。「唯一の解決策」とだけ言い張る政府の態度がいかに不合理、不条理なのかが言い表されている。今回の裁判も政府の主張を細かく検証すると所詮、無理筋なのだ。なぜなら政府の言い分は、「地方はお黙りなさい」との恫喝ばかりだからだ。

●日本政府は思考停止のままだ

訴状で安倍政権はこう論じている。

「沖縄県の負担を軽減する公益の大きさ、安全保障の見地から抑止力の維持を図る公益の大きさが認められるところである」

米軍基地をどこに置くか、という国家的に高度な外交、防衛に絡む政策をたかが一つの地方自治体（沖縄県）が審査することはそもそも許されない。埋め立て事業を所掌する国土交通大臣ですら口出しできない。ましてや裁判所にも判断できない次元のものだ。普天間飛行場の県外・国外移転を翁長知事は求めているが、その妥当性を検証する能力さえ持ち合わせていない沖縄県が政府に楯つくなどもってのほかだ。

安全保障は政府が行う統治行為であるから他は黙ってなさい、ということだ。第一部でも書いた通り、安全保障に明確な定義はない。軍事、国防だけで安全保障を規定してしまうほど危うい思想だ。もちろん抑止力についてはなおさら曖昧である。抑止が有効に効いているのかどうかは、抑止の対象である相手にしか分からないことだ。安倍政権だけでなく、この国の安保論は軍事に偏っていて理性的、建設的な議論ができなくなっている。

そんな思考停止に終止符を打ち、オールジャパンで解決策を考えるべきだと裁判所は勧告している。従来の米軍基地がらみの訴訟は、嘉手納基地や普天間飛行場、東京の横田基地、神奈川の厚木基地などの爆音訴訟でも同様に、司法も統治行為論を隠れ蓑にしてきた。国家統治という高度な政治判断による国の行為について、裁判所の司法審理は馴染まない、という論理だ。

ずっと議論を避けてきた裁判所が出した今回の和解勧告は従来の認識をひっくり返した。憲法解釈さえ変えてしまう安倍政権もこの勧告を無視できなったということだ。

第16章

訴訟で出てきた政府の主張はどこが問題か？

今回の訴訟で目を引くのは政府が海兵隊の機能的な分析を試みたことだ。これまで沖縄の戦略的優位性だけを誇張し、実質的な議論はなされていない。おそらく政府が正面からこの議論に乗ってくるのは初めてだろう。ただ特定の米軍部隊を特定の場所に配置しなければ軍事機能が損なわれる、と常識外れの論証を展開しているのは、初心者の稚拙さだろうか。

二〇一五年一二月二八日に国が提出した第三準備書面。「普天間飛行場を沖縄県外又は国外に移転することの問題点」の項で、普天間に所属するオスプレイやヘリコプターなどを擁する第三六海兵航空群について、「海兵隊の陸上部隊や兵站部隊の輸送機能を担っている」と説明する。

「ヘリ部隊が島嶼防衛や紛争時の在外邦人救出、平時における自然災害発生ときにおける捜索救難活動など、多岐にわたる任務が予定されている。このような多岐にわたる任務を遂行するにはＭＡＧＴＦ（Marine Air Ground Task Force）を構成する四部隊（司令部、地上部隊、航空部隊、兵站）が近傍に所在し、迅速な初動対応を行う態勢を確保しておくことが必要だ」（国準備書面）

在外邦人が所在する国・地域はどこのことだろうか。平時における自然災害はどこを想定しているのだろうか。

この主張は、司令部や地上部隊など四部隊は不離一体であり、航空部隊（普天間）のみを県外国外へ移転することは海兵隊の機能を損ね、さまざまな任務が遂行できなくなる、ということだ。米海兵隊側に取材しても従来同じように説明している。政府が四部隊の連動性を理解しているのなら話は早い。四部隊をみんなまとめて沖縄から移転すれば済むことだ。美しい海を埋め立てる必要もないし、沖縄の基地がごっそり減るから、これ以上の負担軽減はない。そんな単純な話だが、政府はその可能性には一切触れようとしない。

政府は海兵隊の活動として「島嶼防衛」「紛争時の在外邦人救出」「自然災害救難活動」を挙げている。

島嶼防衛と沖縄を結びつけるとき、すぐに連想するのが尖閣諸島をめぐる中国との領有権争いだ。島嶼防衛には、空軍と海軍が制空権、制海権を確保するのが第一条件となる。敵の戦闘機が上空を飛び交う中で上陸作戦をするのは自殺行為だ。空から攻撃・爆撃機の餌食になる。海を制してなければ補給路を断たれるので、上陸した兵士は兵糧攻めにされてしまう。だから制空権、制海権は島嶼防衛の第一条件となる。それは空軍と海軍の仕事であり、海兵隊の出番はないだろう。

紛争時の「在外邦人救出」。在外は外国のことなので、長崎県佐世保の艦船に乗せるのなら、沖縄の地理とからめるのはこじつけに過ぎない。

自然災害救難。沖縄を含めて日本国内での自然災害で海兵隊が出動したのは東日本大震災だが、震災が起きた二〇一一年三月一一日、沖縄の海兵隊は艦船でマレーシア、インドネシア沖に遠征していた。六日後に秋田県沿岸部に駆け付け、ヘリコプターによる救援物資輸送などに取り組んだ。巨大台風の被害に見舞われるフィリピンへ救援物資を運ぶ際にも艦船を使うので、やはり起点は長崎県佐世保港である。

政府の主張の前半に列記した海兵隊の任務と沖縄を直結するのは無理があり、信ぴょう性がない。後半の部隊連携について、前半の任務をこなすために各部隊がまとまって配置する必要性を言っている。一読すると、だから沖縄なんだ、と思うかもしれないが、邦人救出、自然災害のいずれも沖縄駐留を条件とするものではなく、島嶼防衛に至っては空軍、海軍がしっかりガードを固めておけばいいので、海兵隊におそらく出番は回ってこないだろう。

沖縄以外に司令部、地上部隊、航空部隊、後方支援部隊の海兵隊基地を配置できる場所はない。そんな根拠のない認識が日本人に固定化されたのは、民主党政権時の鳩山由起夫内閣が「県外移設」を試み、挫折したことがひとつの原因と考えられる。メディアの報道も「アメリカが怒ってるぞ」とエキセントリックだった。あたかも沖縄の基地固定化がアメリカの〝ご意志〟のように報じられた。

第17章

鳩山政権で県外移転は不可能だとされた経緯は？

鳩山由紀夫首相が普天間は「最低でも県外」と公約し、その実現に腐心したが、結局米側と交渉すらできないまま、政権そのものがこけてしまった。鳩山首相は普天間の機能を徳之島へ移転することを最後の頼みの綱にしていた。徳之島では島民大会が開かれ反対の大合唱が湧いた。それに米側が見向きもしなかったのは鳩山首相の徳之島案が「四部隊の一体性」に合致しなかったからだ。自動車からタイヤを外して別の場所へ保管するようなものだった。

●日本政府官僚が鳩山氏に説明した内容は？

鳩山首相に徳之島案を断念させた政府官僚のレクチャーの中身が明らかになっている。「極秘」と刻印された文書には、ヘリ基地と地上部隊を分離配置できる距離は六五海里（約一二〇キロ）の範囲内であるとし、これを越えると日常的な訓練に支障が生じると記されている。徳之島は沖縄から一九二キロ離れているため、米側が呑める条件ではない、と鳩山首相を陥落させていた。

この極秘文書は、米軍側から説明を受けた日本の官僚がまとめたとされているが、政府はその存在を認めていない。憶測だが、米軍の運用所要を鳩山氏がばらしちゃったので政府はまずいと思い知らんふりを決め込んでいるのかもしれない。

この文書によると、地上部隊が駐留する沖縄本島で一時間の訓練を行うためには、徳之島からだと飛行時間が合計四時間になる。海上を飛行するため、緊急着陸できる場所がなく、パイロットのストレスは大きい。機材の摩耗も激しく、燃料費も増大するため、長い目でみるとそのようなコスト増を抱える部隊運用は持続可能ではない。飛行距離の長いオスプレイが配備されたのだから、距離の問題は埋められる、という主張もあるが、普天間の航空機にはヘリコプターも含まれるため、距離の基準（約一二〇キロ）は変わらない。

汎用ヘリＵＨ１の航続距離は約二時間。徳之島から沖縄へ飛ぶには片道一時間で、訓練前に米空軍嘉手納飛行場で給油しなければならない。一回の給油に最短二〇～三〇分を要する。嘉手納から沖縄本島中・北部の訓練場まででも一五分ほどかかるため、一時間以上の訓練飛行を行うと、徳之島へ帰還するときに再度給油しなければならない。たった一時間訓練するために計約四時間以上も飛び続けなければならない。それをほぼ毎日繰り返すとなると、徳之島案は米軍サイドからみると無理な提案であった。

訓練に必要なだけの航空機を沖縄に残すという考えに対しても、整備機能設備が重複し、運用が複雑化するという理由で米軍は首を縦に振らない。

部隊の運用だけでなく、家族連れのパイロットらのために生活インフラを整備する必要がある。米軍は「生活の質」（クオリティ・オブ・ライフ）にうるさいのだ。沖縄本島北部の離島「伊江島」に米海兵隊の滑走路があり、そこへ移転する案もあったが、学校はどうする、病院はどうする、若い兵士がプライベートタイムを楽しむ遊び場はあるのか、といった注文、クレームが噴出して伊江島案も却下されたくらいだ。

ちなみに米軍が求める生活インフラには病院、郵便、銀行、デイケア施設、映画館、ジム、教会など宗教施設、学校などがある。この施設整備はそこを運営する医師らの確保も含まれるため、徳之島や伊江島では無理でしょ、と米軍は主張していた。

こうした米側の説明を受け、日本政府は普天間を県外、国外へ移転することは難しい、と主張しているのだ。

●「みんな総論賛成各論反対だ」

県外でそのような場所はないのだろうか。

当時、鳩山内閣で普天間移設を担当したのが平野博文官房長官だった。平野氏は後に琉球新報のインタビュー（二〇一三年一二月二三日付）で、陸上部隊を含めた移設案を検討していたと証言している。地上部隊が訓練できる演習場があり、航空部隊の飛行場があれば海兵隊はどこに居ても運用できる。平野氏によると、在沖米海兵隊を運ぶ強襲揚陸艦がある長崎県佐世保港を念頭に九州で地上部隊と航空部隊を配備できないか適地を物色していたという。演習地の候補は大村（長崎県）、新田原（宮崎県）、築城（福岡県）、日出生台（大分県）などの自衛隊基地・演習場だったことを明かした。

九州中北部に海兵隊を移転するという考えである。海兵隊を運送する艦船が長崎県佐世保にあるので、物資管理の兵站部隊はその周辺が都合いい。地上部隊は演習場がある大分県の日出生台かその周辺に置く。普天間の航空部隊は佐賀空港などを想定してもいいだろう。九州中北部で複数県に配置すれば、沖縄が一人背負わされている負担を分担できる。米軍が示してくれた一二〇キロという基準に合致すれば、四つの部隊機能（司令部、地上兵力、航空、兵站）をワンセットで九州へ移設することは軍事的に十分可能である。

理屈の上では簡単な話だ。政府は沖縄の地理的優位性ばかりを言うが、電車（艦船）の始発駅は長崎県佐世保なので乗車駅はどこでもいいという単純な話である。

これに防衛省が抵抗するのは既得権益だ。各演習場を使用する自衛隊の演習時間が削られてしまう。防衛省の抵抗を突破するのは政治力なのだが、鳩山政権は力不足だった。

そして最も高いハードルが地域の合意取り付けだ。九州移転案は複数県にまたがるため、なおさら反対人口が多くなる。沖縄の反対運動が九州に飛び火するとどうなるだろうか。全日本的な騒ぎにもなりかねない。日米同盟のあるべき美しい姿は、日本人が安全保障のために米軍の駐留を懇願し、米国人はアジアの盟友の求めに応じる、ということだ。ところが移転となると、多くの日本人が地元への米軍配備に大反対する。安全保障がもたらす利益は享受したいが、その負担を背負うのはまっぴらだ、という本音が明かされる。沖縄の負担を全国で分かち合おうという美談はありえないだろう。

小泉純一郎氏は首相のときに沖縄の米軍基地移転を考えたが、持って行く先がないことが分かり、「みんな総論賛成各論反対だ」と語ったことがある。日米安保を賞賛する自民党の政治家たちも、基地移転が浮上するとオラの村だけはごめんだ、と言い始めるはずだ。海兵隊を九州など沖縄以外へ移転する発想すら為政者たちは忌避する。

●鳩山政権の挫折が口実に使われている

そんな政治の地雷を踏んでしまった鳩山由起夫首相は袋叩きにあった。民主党が野党時代に政策として掲げた「普天間は最低でも県外だ」を政権党になっても言い続けただけだったが、真面目にそう言い続けた鳩山首相は後ろを振り向けばみんなそっぽを向いていた。二〇〇九年九月に首相に就任した鳩山氏はすぐさま「外交音痴だ」「宇宙人だ」とさんざん非難を浴びた。日本メディアは海兵隊の運用実態、移設問題の本質を吟味することなく、「アメリカが怒っているぞ」と大合唱し、鳩山政権を追い込んでいった。政権奪取した民主党の初代政権のつまずきはいまも同党（現民進党）のトラウマになっている。野党になっても辺野古の代案を出せないでいる。

鳩山首相は「学べば学ぶほど、抑止力」という思いつきの台詞とともに自民党案の名護市辺野古埋め立てに回帰していった。そして平野氏は「もう一年ぐらいやっていれば少しは（検討作業が）動いたと思う」と言い訳している（同インタビュー）。

民主党のこの中途半端な挫折は沖縄の人々を大いに失望させた。そして同党が罪づくりなのは、基地負担の軽減に向けた本格的な取り組みがなされるだろうと政権交代に期待した人々の希望をあっさりと無にしたことだ。安倍政権は国会答弁で普天間移転問題を追求されると、民主党政権で本土移転を検討したが不可能だった、と喧伝している。翁長県知事の「県外・国外移転」の要求に対し、安全保障を知らない幼稚な訴えだと歯牙にもかけない。

いま安倍政権は海兵隊基地の配置は何がなんでも沖縄でなければならない、と高圧的になってしまった。本来なら民主主義にもとる行為だが、鳩山政権の挫折が口実に使われている。

第18章

とはいえ沖縄の地理的優位性は揺ぎないのでは？

それでも海兵隊は沖縄でなくてはならない――。地図を広げて中国海軍が沖縄近海を通過するというポンチ絵を見せて、沖縄の宿命論を刷り込んでいく。辺野古に決めて、沖縄の民意を無視してもやり抜くのだから、いまさら九州でもいいですよ、なんて口が裂けても言えるわけがないのだろう。

●政府準備書面の問題点

安保・防衛に関する政府の説明はどうも信憑性が疑わしい。国の準備書面の中で沖縄の地理的優位性はこう記述されている。

「南西諸島を結んだ線は、おおむね東シナ海と太平洋とを画する線を形成している。したがって東シナ海から海路で太平洋にアクセスしようとすれば、南西諸島の近海を通過することになる。その逆も同様である。すなわち南西諸島は、地理的・戦略的にみて、我が国の領土領海の防衛ひいては我が国の安全保障上も重要な意義を有している。これらの島嶼の防衛体制の確保が極めて重要な課題である」「沖縄本島はシーレーンの安全確保という見地からも重要な地理上の意義を有する」

中国の船が太平洋に進出することを警戒する上で沖縄は利便性が高い、と言いたいのだろう。ところで沖縄周辺の公海を航行する中国艦船を日米がなぜ監視する必要があるのかが、国の準備書面に書かれていない。海兵隊が沖縄に駐留するのは、中国艦船を停船させ、臨検でもするためだ、というのだろうか。そうなるともはや米中は一触即発の緊張状態にあり、海兵隊には手の追えない規模の紛争を想定しなくてはならない。沖縄の米軍基地の7割を使っているのが海兵隊だが、そんな大規模紛争に対処するような部隊ではないのだ。

政府は「シーレーン」という言葉がよく使う。シーレーンと沖縄が隣接することを「重要な地理」と言っているのだが、この言説への反証は、海兵隊は洋上では戦わない、という事実を何度も繰り返すことになる。シーレーンが近いので「重要な地理」のような気がする、という程度だろう。

さらに準備書面は中国と北朝鮮を引き合いに出してくる。

「北東アジア地域には朝鮮半島や台湾海峡といった、我が国の安全保障に影響を及ぼす潜在的な紛争発生地域が存在しており、これらの地域において危機が発生した場合には、迅速かつ効果的に対応可能な体制を整えておくことは、我が国の安全保障上、重要な課題である。この点、沖縄本島は南西諸島のほぼ中央に位置していることから、いずれも潜在的紛争地域との関係でも相対的に近い（近すぎない）位置にある。相対的に近い（近すぎない）とは、迅速に部隊派遣が可能な距離にあり、かついたずらに軍事的緊張を高めることなく、部隊防衛上も近すぎない一定の距離を置くことを指している」

「相対的に近い（近すぎない）」とは、軍事的に緊張を高めるほど相手に威圧を与えることなく、しかし緊急展開はできる範囲にある、という意味らしい。近すぎず、遠すぎない場所からどこへでも緊急展開できる超機能的な部隊運用とはいったい何なのか。そんなすごいシフトを海兵隊が聞くと、彼ら自身が驚くかもしれない。

●問題を分かったうえで論じているのか

「相対的」の意味は、「他との関係において成り立つさま。また、他との比較の上に成り立つさま」と辞書にある。他との比較を前提とするが、政府はこれまで沖縄との比較対象を「ハワイや米本国と比して」とわざわざ米国と比較している。それは遠すぎないか。政府はこれまでに一度も九州各県などと比較したことがない。艦船が長崎にある事実を踏まえ、海兵隊の任務がアジア太平洋である実態に基づいた比較が皆無だ。「相対的」という言葉は間違っている。本当に比較すると都合が悪いのだろう。

政府は沖縄であれば朝鮮半島や台湾海峡での有事に迅速に対応することが可能である、と繰り返す。「有事」には小規模から大規模紛争とさまざまあるが、沖縄の海兵隊は大小問わず紛争に対応する兵力は有していない。朝鮮半島での戦争状態に米軍はどれほどの兵力を投入するのかさえ、日本政府は分かった上で論じているとは到底思えない。

前述したとおり、二〇〇三年の韓国国防省の資料は、朝鮮半島有事で米軍は六九万人の兵力を増派すると記述している。このうち海兵隊九万人が含まれる。沖縄に駐留している海兵隊は現在、実数ベースで一万二〇〇〇～一万四〇〇〇人とされており、お話にならないくらい不足している。またこの資料によると、空軍の航空団は三二個、空母艦隊五個、陸軍二個軍団が必要らしい。米空軍嘉手納基地には航空団が一個のみである。空母艦隊は神奈川県横須賀に一個だけだ。日本に駐留している米軍だけでは朝鮮有事ですらまったく足りないのだ。ましてや中国との「有事」なんて想像さえしたくない。

海兵隊は国家間の戦争でこれまで約九万人を動員している。政府が説明するように朝鮮半島で戦争が起きてしまった場合、米軍は前線基地をどこに求めるだろうか。地図を見る限り日本列島しかなかろう。いったい日本は米軍のオペレーションをどれだけ知っていて、受け入れ態勢は整っているのか？　日本の国防政策を策定する現場にいた元防衛官僚に聞いてみた。

●元防衛官僚が説明する朝鮮半島有事

筆者「韓国国防省の文書によると、有事には米軍六九万人の増派があり、内訳は陸軍二個軍団、空母艦隊五個、航空団三二個、海兵隊二遠征軍（九万人）となっています。その後方支援基地を求めるなら、日本でしょうが、日本はこれほどの増派を受け入れる用意があるのでしょうか。米側から詳細な内容を知らされているのでしょうか」。

元防衛官僚「詳細を知らせてくれれば合憲的な対応はいくらでもできる、と米側に伝えているのだが、説明がない」

筆者「なぜそのような大切な話が日米間でなされず、米韓ではやられているのですか」

元防衛官僚「一つの理由は、韓国防衛事態だからです。その手の内は韓・米間で共有され、日本には明かされません。日本有事であれば当然共有されます。集団的自衛権は、日本有事でないことが前提ですから、そこが問題なのです。一方、（対中戦略の）エア・シー・バトルの中身は、演習などを通じて海軍同士、統合幕僚監部と太平洋軍のレベルでは共有されていると思いますが、内局や内閣官房に、そっくりそのまま伝達されることはないと思います。アメリカの責任者が太平洋軍司令官だとすると、日本のカウンターパートは統幕長であり、総理大臣ではないけれども、実質的にはそれが日本政府の方針になっていく意味では、総理大臣なのです。しかし、秘密保持と形式的なカウンターパート関係を理由に、有事が始まるまで、総理大臣に知らされることはない。そういう従属的構造になっています」

筆者「ここでひとつ疑問がわきます。日本政府は沖縄の米軍基地の必要性について、主に朝鮮半島有事と中国抑止を挙げます。朝鮮有事には、おそらく日本が前方基地になるのなら、米軍がどれほどの軍を動かし、その後方支援のための施設、サービスをどの程度必要とするのか、日本としては知っておきたいことではないでしょうか」

元防衛官僚「そうです。まさに、朝鮮半島有事にどれくらいの期間でどれくらいの人員・物資を日本に集積するのかが問題なのです。それを教えてくれれば、日本側で全て受け入れ計画が立てられる、ということを米輸送軍（TRANSCOM）に伝えていたのです。ところが、米側は、彼らが使いたいいくつかの日本の空港・港湾のヤードの面積や水深といったデータを欲しがるだけでした。（ちなみに、沖縄県は含まれていません。すでに施設があるからです）」

これは何を意味するかというと、日米間で事前調整は不必要だと米側は考えているということだ。米軍は必要な空港、港は使いますよ、という意思表示とも受け止められる。元防衛官僚が「従属的構造」というのはそういう意味だ。

日本は米軍の動きを知らないまま朝鮮有事を語っているということになる。この従属関係にあって従の日本政府がなぜ米軍の意図を代弁するように沖縄の米軍基地を朝鮮有事、中国抑止に結びつけるのだろうか。最近まで中国対処法と言われた「エア・シー・バトル戦略」によると、まずは中国の攻撃を受けない距離まで米軍は退く。中国のオイルラインなどを締め上げげて、経済的なダメージを与えて疲弊させていく。レーダーや衛星などを破壊し、軍の目耳が使えないようにする。後はゆっくりと料理していく。

沖縄の海兵隊はこのエアシーバトルでは一目散に引き上げることになる。すると沖縄は丸裸のまま戦地に放置されるということだ。第二次世界大戦の悲劇が繰り返されることになる。エアシーバトルに次ぐ新たな戦略「オフショア・コントロール」にしても経済的なダメージを与え、戦力を削ぐことを前提にしている。戦わずに勝つ、という戦略思考だが、国防費が逼迫する米国の安上がりな攻め方ということらしい。

第19章 軍事の「体制と態勢」の区別に意味はある？

前記の国側準備書面抜粋をもう一度読んでもらいたい。

「朝鮮半島や台湾海峡といった我が国の安全保障に影響を及ぼす潜在的な紛争発生地が存在しており、かかる危機に迅速かつ効果的に対応可能な体制を整えておくことは、我が国の安全保障上、重要な課題である」（棒

線筆者）

対応可能な「体制」とあるのだが、ここでは軍隊の配備や装備などに使う「態勢」を使っていないのはなぜだろうか。単なるワープロの変換ミスだろうか。いずれにせよ前述のとおり、日本は有事における米軍の動きを知らされていないため、具体的な「態勢」を語ることができない。

〝体制〟とは日米安保のような制度的な仕組みである。米軍が沖縄に駐留していれば、北朝鮮や中国に対して「抑止力」となるはずだ、と日本は解釈している。そして米軍が家族連れで日本国内に駐留していれば、有事には必ず米軍は日本防衛のため動いてくれるはずだ、と考えている。いわゆる〝人質論〟だ。米軍の駐留を制度的に固定化させている「体制」が重要であって、沖縄にどのような任務、機能を帯びた部隊がどれほどの兵力で駐留していようが、その「態勢」は議論する必要はないという思考が透けてみえる。米国に日本防衛の制度的義務を負わせておく状態が日本の生命線であるということだ。

政府にとって重要なのは、沖縄の海兵隊駐留がその体制維持に不可欠である、という刷り込みをしなくてはならない。有事の軍事態勢と日本の安全保障の基盤である同盟の体制を混ぜこぜにすることで、議論を分かり難くしている。「有事と平時」、「体制と態勢」を明確に区別しなくては基地問題のシルエットさえぼやけてしまう。だまし絵のように二つの概念（体制と態勢、平時と有事）が重ねられ、沖縄問題の本質が隠される。

日米同盟が担保してくれる「抑止力」というものは、日本に常時駐留する米軍兵力ではなく、その背後に巨大な米軍総体が控えていることを前提とする。例えば中国から見れば、目の前に小規模の海兵隊がいると気になる存在かもしれないが、その背後の一四〇万人という世界最強の軍隊が動くかもしれない、という緊張感の方が抑止になるはずだ。有事となれば米軍は五〇万人とか六〇万人といったオーダーで兵力を動員するという単純な事実を踏まえれば、特定の場所に特定の兵力を配置しなければ抑止力が減じるとか維持、向上させるという議論は日本政府の都合の良い方便に過ぎない。
日本政府が軍事的な説明をするときに主語をあいまいにしながら、巧みに言葉を使い分ける。だからよほど目を凝らし、聞き耳を立てておく必要がある。

第20章

海兵隊は日頃は何をしているのか？

裁判で沖縄県は、海兵隊を運ぶ艦船が長崎県佐世保港にあるのだから、海兵隊基地は沖縄でなくてもいいじゃないか、と主張している。これに対し国側は、海兵隊は船で動く以外にも重要な任務があると反論する。強襲揚陸をお家芸とする海兵隊が聞くとびっくりする論理だ。

「艦船と海兵隊とは一体不可分の関係にあるのではなく、上陸作戦の遂行のみが海兵隊の任務ではないから、艦船の母港との位置関係において、海兵隊にとっての沖縄本島の地理的優勢を云々することには意味がない。沖縄は①南西諸島の島嶼防衛の見地からしてもその中心的位置にあること②我が国のシーレーンにも隣接していること③朝鮮半島や台湾海峡といった我が国周辺の潜在的紛争地域それぞれに対して相対的に近い（近すぎない）位置にあること等が、その地理的優位性を基礎付けているのであり、被告が沖縄本島よりも地理的に優れているとする熊本県は、沖縄本島の具備する上記①ないし③のような地理的優勢を備えていない」

●海兵隊司令官が尖閣奪還上陸作戦を否定

ここでも島嶼防衛を言っている。いちいち面倒臭いのでまとめて反証するとこうなる。海兵隊は米軍再編により今後、実戦兵力は二〇〇〇人を基準兵力とする海兵遠征隊のみに縮小される。この部隊は佐世保の船で一年のうち八―九ヶ月を海外遠征する。これが紛れもない事実だ。南西諸島、シーレーン、朝鮮半島に台湾海峡といった事由に結びつけるのはナンセンスである。米海兵隊が南西諸島防衛を請け負っているかのような書き方は事実に基づかず、沖縄の犠牲を考慮すれば詐欺的な犯罪行為とさえ言いたくなる。

①の尖閣との関係は前述の通り、島を防衛するときに航空優勢を確保していなければ島は守れないし、占領されたときに奪還できない。それは軍事に詳しくなくても分かることだ。尖閣諸島の上空を中国軍機が飛び交う中、海兵隊を投入するのは自殺行為でしかない。隙を突かれて上陸を許したとしても、隠れる場所のない岩だらけの小島は空からいつでも攻撃できるし、補給路を断てば兵糧攻めにもできる、ということだ。

元朝日新聞の防衛記者、田岡俊二氏は著書『日本の安全保障はここが間違っている』（朝日新聞出版二〇一四年）で「尖閣諸島奪回作戦は愚劣だ」と切り捨てている。田岡氏によると台湾海峡を臨む東シナ海を最重要正面とする中国は最新鋭機の数、パイロットの技量比較ですでに優位に立っている。そのような場所に海兵隊を投入して、奪還してもらう、という発想そのものが「反安保的」であり稚拙である。

仮に尖閣をめぐり撃ち合いが始まったとき、初戦で勝ったにしても経済力で水を開けられた日本が抵抗し続けるのは至難である。「中国と米国との絶大な経済関係、東南アジアにおける華人の影響力の大きさから、日本は孤立して結局は中国に叩頭（こうとう）するしかなくなる形成」と田岡氏は分析する。

だから米軍に駐留してもらって戦ってもらおう、という幻想を日本人は抱いているのだが、常識的に考えてもそれは淡い期待にしかすぎないというのが現実的な見方だろう。海兵隊が日本国内に駐留していれば、仮に日中間で戦端が開かれたときに米国は隊員の家族を保護するためにも参戦せざるを得ない、という考え方を真面目に主張する「人質論者」がいる。この発想がいかがわしいのは、米国民に対して、「日本に駐留してくれている米軍は人質たちなんですよ」との本音をひた隠しにしなければならないことだ。

ちなみに二〇一四年四月一八日付の星条旗紙によると、在沖海兵隊司令官のジョン・ウィスラー中将はワシントンで防衛専門家らと会合し、尖閣諸島の奪還で上陸作戦は不要であると説明している。「奪還できるか、と聞かれれば答えはイエスだ。しかしそのような事態が起こり得るのかはすべて仮定の話だ」「そこに対する脅威を排除するために誰かを派遣する必要はないということだ」と語っている。

日本政府の説明とはだいぶ異なる。日本側は沖縄が尖閣に近いから海兵隊は沖縄に駐留していると説明する。当の海兵隊の司令官は隊員をそこ（尖閣）へ上陸させなくても奪還できる、という。日本の説明にはやはり主語がない。いったい誰がそう言っているのか不明なまま、地図を見れば近いのだから地理的優位なのだ、とこじつけている。

この記事で興味深いのは、海兵隊司令官が太平洋地域において米陸軍が勢力拡大を画策していることに不快感を示したと報じていることだ。陸軍は攻撃ヘリ部隊を海軍空母に乗せ、海兵隊のような役割を担おうと考えているらしい。ウィスラー中将は「陸軍が参列してくるのは大いに結構だ。しかし現状は艦船が不足し、ミッションや訓練をするにも不便しており、他者が入り込む余裕などない」と不快感を示している。

米軍内部にも太平洋をめぐる勢力争いがあるようだ。海兵隊はなおさら沖縄を手放したくないだろうが、それは軍事的な理由よりも陸軍と比べると小ぶりな海兵隊の組織論になる。星条旗紙の記事からは、陸軍と海兵隊の神経質な綱引きが続いていることが読み取れる。冷戦後のリストラによってヨーロッパ方面で仕事が減った米陸軍が太平洋へ勢力を伸ばそうと、海軍の空母に乗りたがっており、それを海兵隊はいぶかしく見ている様子が司令官の言葉から読み取れる。

●米中軍事交流を国民に知らせたくないのか

話題がずれたついでに南沙諸島（スプラトリーアイランド）の小ネタをひとつ紹介する。二〇一五年一〇月二六日、中国が実効支配し、人工島造成を進めるスビ礁とミスチーフ岩礁の近海を米海軍第七艦隊のミサイル駆逐艦「ラッセン」が航行した。中国は一二海里の海域を領海と主張している。米側は「航行の自由作戦」と銘打った。

これを読売新聞は「米、中国の領有権認めず、南シナ海緊迫化の恐れ」との見出しで報じた。社説では「中国の軍事拠点化を許さない」の見出しで、「日本は、米国と関係国と緊密に連携しつつ、南シナ海での中国の動きを警戒せねばならない」と書いた。朝日新聞は「米駆逐艦、人工島一二カイリに　対中国『航行は自由』」と抑えめなトーン。社説は「南シナ海　各国共通の利益を守れ」。そして産経は嬉々として「航行の自由作戦平和の海へ日米連携せよ」と社説で進軍ラッパを吹き鳴らす。

翌二七日、中国外務省は「中国海軍のミサイル駆逐艦と巡洋艦が米船を追跡し、警告した」と発表した。あれっと首をかしげるのは、中国海軍はなぜ都合よく米艦船の人工島接近に合わせて付近を警戒できたのかということだ。

約二週間後の一一月九日、米海軍と中国海軍は米フロリダ沖で米中合同演習を実施している。その一週間後、一一月一六日に「自由の航行作戦」を実施した「ラッセン」と同じ所属の米第七艦隊ミサイル駆逐艦「ステダム」が中国上海港に寄港している。埠頭には中国海軍の水兵がずらり整列し、赤地に白抜きの文字で「Well Come US Navy」と書いた横断幕を掲げて歓待した。「ステダム」の乗員三六五人は五日間の日程で中国海軍と交流、バスケットボールの交流試合に興じたほか、共同訓練も実施した。海上で不測の事態に対応する海上衝突回避規範（CUES：Code for Unplanned Encounters）に基づく対処訓練、救難救急訓練を行っている。

ヴォイスオブアメリカの電子版記事によると、ステダムの艦長、ヘりー・マーシュ提督は、「『自由の航行』は定期的なオペレーションであり、いかなる国の軍隊との関係を複雑化させるものではない」と語った。太平洋海軍司令部のホームページには寄港時の写真が掲載され、今回の友好親善訪問が「良好な米中関係を醸成する」と親密さをアピールしている。

こうした情報を知った上で、日本の南シナ海の報道を見ると、どうもかつて戦争を煽ったメディアの影が見えてくる。実際に行われている米中間の軍事交流が正確に国民に知られると、安倍政権にとっては実に不都合な現実となる。それは沖縄の米軍基地問題と同じ構図であるのだ。

あくまでも米中は軍事的な対立関係にあるべきで、米軍は日本を中国から守ってくれる用心棒でなくては、これまでの説明が成り立たない。用心棒が敵と仲良くなっている現実はやはり不都合だ。日本の周辺は緊張が高まっていなくては、安保関連法案、憲法改正のみならず、辺野古埋め立ての必要性が薄らぐのだ。

●観念論でなく実体論を

政府主張の②のシーレーンとの関係は、日本経済のライフラインである重油タンカーが沖縄近海を航行するということだが、迂回路はいくらでもある。東シナ海を避けてフィリピンの東、沖縄の東側を北上したにしても輸送コストはさほど変わらない。これも洋上の行動を想定しており、やはり佐世保の船で海兵隊が動くのだから、沖縄に基地を置き続ける理由には該当しない。

図5を見てほしい。③の熊本県と比較した地理的優位性論はまさに墓穴を掘ったも同然だ。いまどきインター

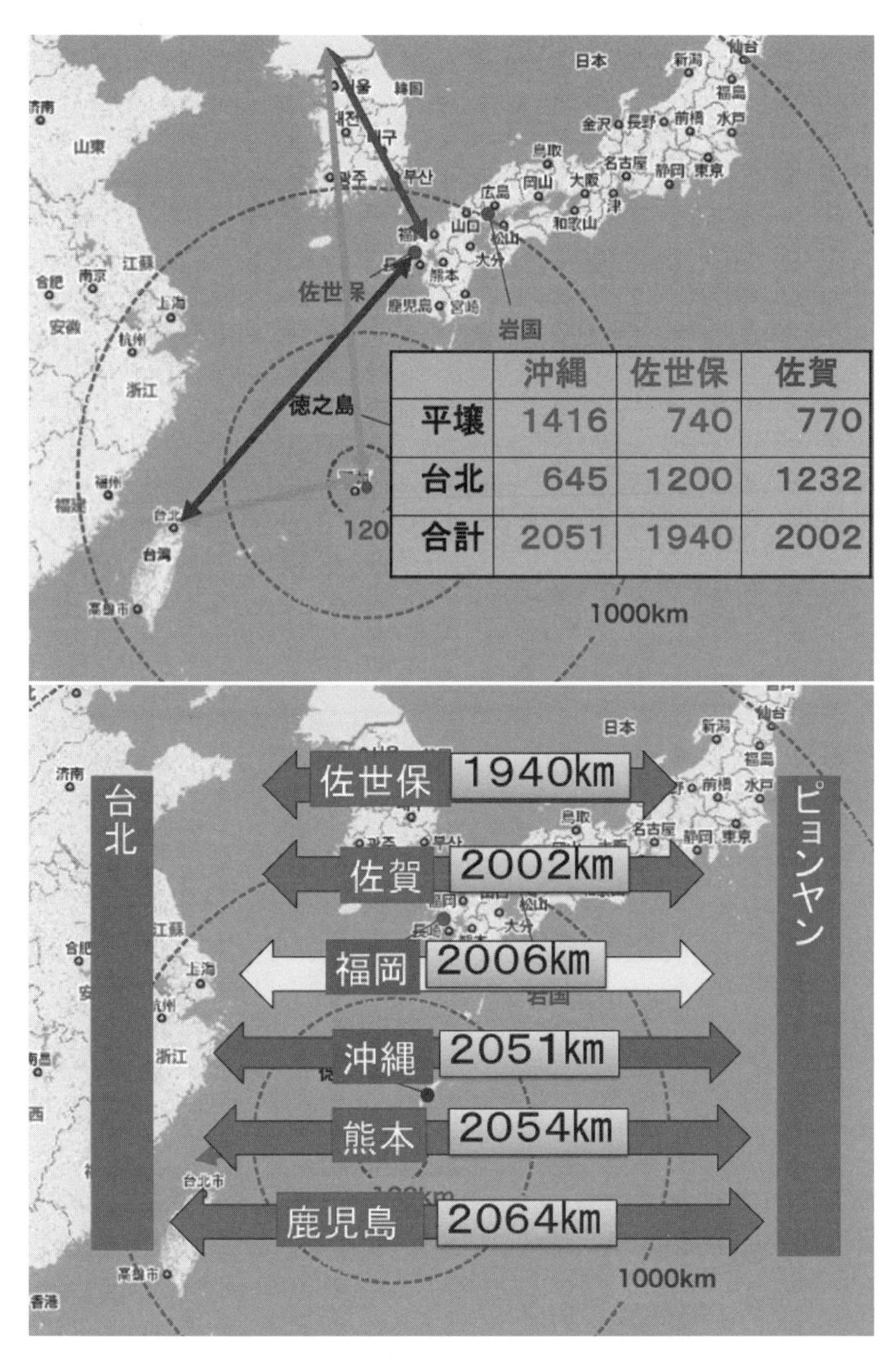

	沖縄	佐世保	佐賀
平壌	1416	740	770
台北	645	1200	1232
合計	2051	1940	2002

（図５）日本の各地からピョンヤン、台北までの距離

メット地球儀を使えば、世界のどこでも距離を測ることが可能だ。国が主張する潜在的紛争地の朝鮮半島と台湾海峡は、沖縄を起点に計測すれば、沖縄から平壌までの距離と沖縄から台北までの距離を測って比較することができる。

二つの距離の合計は米海軍港がある佐世保が沖縄よりよっぽど近い位置にある。九州北部が台湾海峡、朝鮮半島の有事にはより迅速に対応できる距離にあることがわかる。国が主張する「近い（近すぎない）」という概念は何を根拠に論じられているか到底思いもつかないが、熊本と沖縄ではたったの三キロしか違わない。

海兵隊司令官がそれは海兵隊の出番でないと説明しているにも関わらず、日本政府は南西諸島防衛に海兵隊を押し出そうとする。シーレーンに隣接することの具体的な意味付けはそっちのけで、「だからいいんだ」と言い張る。そして比較さえせずに地理的優位性を論じるとあってはもはや論理性は皆無だ。「優位」を主張しつつ他との比較はない。「近い（近すぎない）」というわざとらしい言い回しがますます疑わしい。

地図をながめる観念論ではなく、海兵隊の運用を知ったうえの実体論が日本でなぜ流行らないのはなぜだろうか。海兵隊は長崎を出る船に乗る。活動の場がアジア全域なのだから、乗船する港はどこでもいいのだ。そのような単純な理屈がなぜ日本で常識にならないのだろうか。

日本政府の理不尽な沖縄への基地押し付けに抵抗する知事を県民が選ぶ限り、辺野古埋め立てをめぐる裁判闘争はこれからも永く続く。沖縄は戦後七〇年以上も同じ闘いを続けているのだから、今回の安倍首相と翁長知事の対立も歴史のワンシーンに過ぎない。

おわりに替えて——バラエティー化した沖縄問題のなかで

お笑い芸人が司会するトーク番組が沖縄問題を扱うときは耳を覆いたくなる。二〇一五年一〇月二四日朝日放送「教えてニュースライブ正義のミカタ」は、「沖縄の民意は本当に反対なのか、翁長知事の本当の狙いとは?」との題で、普天間飛行場の名護市辺野古移設問題を取り上げた。解説者の篠原章氏（元大東文化大教授）がフリップを出した。

「翁長知事は実は辺野古を望んでいる。沖縄県民は移設に大賛成」

他の出演者がざわめく。女性アイドルタレントが口に手を当て驚く様子が画面に映し出される。司会者の東野幸治は「われわれが見ているニュースとかなり違うんですけど」と篠原先生に説明を求めた。

「集会とか辺野古の現場でプラカード掲げている方たちはおそらく、三分の二は本土からですね。地元の人も那覇から出張してきています、バスで」「移動しながら反対運動やっている。仕事ですよ、ほんと仕事です。日当も出ています。労働組合から出ています」

これが沖縄人の本音であり、反対運動は金目当てだ、とまるで新事実を捕まえたかのようにしゃべっている。それをおもしろがる下品な番組だった。米軍基地があることの恩恵を引き出したいがため、翁長知事を含め沖縄総ぐるみで条件闘争をしている、と解説する篠原氏は笑いを浮かべ得意げに語った。

ゲストのお笑い芸人は「ほんまに自分の保身だけじゃないですか。南西諸島、尖閣もあるのに、そういうことを一個も言わない。反対だけしか言ってない」とカリカリしてみせる。

著名な評論家も「解決条件が見えてこない。これでは、いくら話しても……」と困り顔で腕組みする。解説者の篠原氏が「翁長さんが次にどうするのか県幹部に聞いても分からない。（翁長知事は）誰も俺を止めてくれなかった、と文句言っているそうですよ」と話すと、司会者を含め出演者がどっと笑う。

沖縄基地問題をお笑いで扱うことができるテレビ局の軽さというか低劣さは驚きを通り越し、むしろこの国の言論の白痴化に不安を抱いてしまう。住民運動を金目当てと決めつけることのできる精神構造が分からない。沖縄でもその類のデマを信じる人たちが増えてきた。宮古島市議会の嵩原弘市議が二〇一五年一二月二二日の一般質問で、辺野古で反対運動する人たちが「辺野古基金から日当と弁当をもらっている」と発言した。もちろん事実無根、デタラメだ。その情報のネタ元について嵩原市議は「インターネットで読んだ」と明かす程度の軽さだった。

辺野古基金とは辺野古を守る運動への支援を呼びかけている団体で、代表にはジブリの宮崎駿さん、ジャーナリストの鳥越俊太郎、元外交官の佐藤優さん、沖縄地元の経済人らが名を連ねている。二〇一六年一月までに五億円の寄付金が集まっている。辺野古埋め立てを阻止する活動計画を一般公募し、審議会が選定して助成する形をとっている。辺野古までのバス運送サービスは辺野古基金が認定した助成事業のひとつだ。「建白書島ぐるみ会議」という団体がバスをチャーターして那覇や宜野湾市、うるま市、沖縄市、名護市から辺野古ゲートまで定期運行している。利用者はどこで乗っても往復一〇〇〇円の一律運賃を払っている。同会議のチラシには「昼食は持参」と明記されている。

前出のテレビの偽解説者が反対住民を「仕事ですよ。日当も出ているんですから」と語ることから得られる利益はなんだろう。素性の悪いネット情報を真に受ける地方議員が議会一般質問で発言してしまうことの目的とはなんだろう。嫌中、嫌韓と並び、沖縄の住民運動に対し、ヘイトは「嫌沖」の攻撃対象にしてしまった。

●市議会議長の経験者までが

まだまだ醜聞がある。

兵庫県洲本市の小松茂市議（63歳）が二〇一五年一一月二八日、自身のフェイスブックで、辺野古移設計画に反対する人たちを指して、「思いっきりけとばせばいい」と書き込んだ。周りの指摘を受けて二日後に書き込みを削除しておわびのコメントを投稿している。

「（機動隊員がはいている）あの鉄板の入った頑丈な靴で、思いっきりけとばせばいいいんだよっ」

朝日新聞の記事によると、小松市議は「反対運動に違和感があり、つい書いてしまった。暴力を助長するような趣旨で猛省している」と話したという。小松市議は連続三回当選。議長も経験するベテランだ。

「鉄板の入った靴で蹴飛ばせ」と言われた反対住民には、どこの団体にも属さないご老人、夫人、若者らが多くいる。その一人、与那覇沙姫さん（31歳）は保育士として読谷村で働いている。小学二年生の一児の母である。辺野古へは育児や仕事に支障がないよう気をつけて、週一回あるいは月一回のペースで友人らデモに参加する。夜明け前に片道四〇分ほどかけて辺野古へ車を走らせている。

どんな気持ちで米軍基地のゲート前に立っているのかを聞いたことがある。「シンプルですよ。沖縄の歴史や戦争のことを知ると、動かなくてはいけないでしょ。その気持ちが私を動かしているんです」。

議長を経験した人が、政府の政策に抗議する人々を蹴飛ばせ、という暴力的な言葉を口にしてしまう。この人間性の欠如がどのような政治、社会環境に巣くうのか知りたくなる。これは個人の世界観、歴史観が大きく影響するはずだ。安全保障観はおそらくそこに分岐点があると思われる。

筆者のフェイスブックに沖縄県議会の高嶺善伸議員（元議長）が書き込んでくれたのも本土側の無理解を示

す。鹿児島県議会の某議長から「鹿屋基地に米軍基地を受け入れるとなると真っ先に狙われるからね。沖縄も基地がなくなると困ることも出てきますでしょう」との言葉を投げつけられた。

高嶺県議は「(鹿児島は沖縄県の) お隣さんだけに残念でした」と悔しがる。

米軍基地がなくなれば困る人が多くいるのはその通りだ。しかし沖縄の全ての人が困るわけではない。鹿児島の平均県民所得は沖縄より年一〇数万円ほど多いだけだ。月割りにすると一万円ちょっと。基地があるから特別な予算を沖縄がもらっていると考えるなら、この鹿児島県議会の某議長は予算の仕組みをまったく理解していない。沖縄が中央から分配される予算額（人口割）で全国トップになったことは一度もない。

二〇一四年度の申告納税額は都道府県別で沖縄県は二二位にランキングしており、日本経済にもそこそこ貢献している（国税庁ホームページより）。県民総所得に占める米軍基地からの収入比は五％を切っている。基地経済が沖縄を支えてくれているという思い込みがあまりにも蔓延し、基地問題の本質を見えなくしている。

●安全保障の分岐点

沖縄をバラエティーの餌食にして嘲笑したり、ジュゴンが生息する美しい海を埋めてはいけないと訴える人を蹴飛ばせと罵声を浴びせたり、少しでも米軍兵力を減らすような議論をすると狂ったように怒り出したりする。そんな人たちの思考の源泉は何だろうか。

沖縄基地問題は安保に直結すると一般的に考えられている。基地に異論を唱えることを許さない人々たちの安保観はおそらく、目には目を、という軍事依存型だ。いつの時代にも敵が存在するのだから、攻撃に備えるのが安全保障だと考える。安全保障はイコール軍事、防衛だと考える。「鉄靴で蹴飛ばせ」という議員らの精神構造はまさにそのグループに属するだろう。

反対運動が続く名護市辺野古の基地ゲート前に設置されたテント小屋に座っていると、いろんな人たちを見ることができる。ときおり大音量の軍歌とともに参上する、いわゆる右翼とよばれるお兄さんたち。日章旗をはためかす街宣車から特攻服の男たちがテント小屋の反対派住民に悪態をつけて通り過ぎる。

「お前たち何考えているんだぁ、こらぁぁ。お前らそれでも日本人なのかぁ。アメリカ軍が日本を守ってくれているんだぞぉぉ」

強面でそれを言ってはおしまいでしょう。自分の国は自分たちで守るのが世界の常識だと思うのだが、どうだろうか。まがりなりにも右翼とみられている人たちがそんなひ弱でどうするの。軍事に偏ると危ない社会になるから、外交、経済を含めたバランスが大事なのだが、彼らは極端に軍事ばかりに囚われる。

他方、座り込みをする人たちは軍事によらない平和の実現を主張する。多くの米軍基地を押し付け、沖縄の民意を顧みない政治への憤り、自然破壊に抗議する住民運動だ。そんな反対派の中で「安保粉砕」のプラカードを掲げる若者たちがいる。大学自治体と書かれたヘルメットをかぶる学生たちだ。日米安保条約を解消した後の日本の安全保障のあり方も議論するようになると一皮むけるだろうと思いながら、ヘルメット姿の学生たちを眺めている。

そしてテレビでは国際関係、安全保障の専門家が沖縄の基地問題を議論している。彼らの語る言葉には臨場感と実体感が欠けているといつも思うのだ。沖縄の地理的優位性を語り、沖縄基地の重要性を強調する政府代弁者が多い。辺野古埋め立て工事を強行することで失われる価値観について語る意見に対しては、安全保障を知らないね、と拒絶してしまう。

ことほど左様に日本の安保論は二極化し、水と油のように互いに相いれず、議論するプラットフォームさえない。不毛といわれた安保論争が冷戦終結とともに終わったのだが、止まっただけであって決着は見ていない。

沖縄だけで延長戦が続くが、多くの日本人は興味がない。

日本には「安保学学」という言葉があるらしい。悪く言えば外国の理論をうまく翻訳するだけで〝権威〟とあがめられてしまう。日本の安保学会のお寒い状況を嘆く専門家は少なくない。沖縄基地問題を論理的に整理し、解決策を導き出そうという議論はまだ起きていない。米ジョージワシントン大学のマイク・モチヅキ教授は基地をどこへ置くかは、「不動産の話にすぎない」と明快だ。普天間飛行場の移設問題であって日米同盟をどうこうする話ではなく、不動産の問題なのだ。

そんな単純な問題であれば、いま沖縄問題をめぐる混乱はいったい何だろうか。辺野古推進派は「反対するのは安保を知らない幼稚な奴ら」とけなし、反対派は推進派を「軍国主義者の危ない奴ら」と非難する。互いにバカ呼ばわりし、そこに頑強な「バカの壁」を築いている。

この壁をどう崩壊させて鉄のカーテンを開くことができるのか。沖縄を餌食にするバラエティー番組で大手新聞社の論説員が「アジアにはまだ冷戦構造が残ってますからねぇ」とコメントした。これもカテゴリーとしては「安保イコール軍事」の思考であろう。果たしてこうした論者は実態を見ているのだろうか。米海兵隊が沖縄を拠点に中国陸軍を引き入れて人道支援、災害救援をテーマにした多国間訓練に積極的に取り組み、横須賀の第七艦隊が「自由の航行作戦」を挟んで、中国海軍と友好親善の関係を深化させている。日本だけが一人いきり立っているとアジアの孤児になりそうで、そのことが安全保障上よほど恐ろしい。

日本で安全保障をめぐる対立軸が沖縄であるのなら、まずは沖縄にどのような部隊が何の目的で基地を使い、その任務について知ることは議論する上で最低条件のはずだ。基本すら見ないまま賛否に分かれている。危惧すべきは互いを「バカ」呼ばわりするうちに、「安保イコール軍事」の思想が日本を席巻すると、社会はよほど息苦しくなるということだ。

●どう解決していくのか

本著の最後に沖縄基地問題の解決方法を提言したい。拙著『誤解だらけの沖縄・米軍基地』(旬報社)、『虚像の抑止力　沖縄・東京・ワシントン発安全保障政策の新機軸』(同)に書いた内容を概説したい。

沖縄の海兵隊は米軍再編で大幅に削減され、佐世保の船に乗ってアジアを巡回する。始発駅が佐世保だから乗車駅はどこでもいい。日本人は海兵隊を受け入れないので、日本国外に駅を設置する。

それだけでは海兵隊は既得権を主張して交渉は整わないので、インセンティブを考えなくてはならない。例えば、すでに日本政府が米軍再編を実行するためグアムで施設整備費を支出しているように、国外移転に必要な費用を拠出したり、洋上移動に必要な高速輸送船を提供したりする。さらに海兵隊がいま主要な任務とする災害救援、人道支援の分野で自衛隊がより積極的にコミットする。この分野ならもちろん憲法改正は必要とし ないし、自衛隊の十八番でもある。日本がこれに積極参加することで海兵隊の恒常的な訓練経費をいくぶんか日本が分担する。海兵隊は経費を節約できるため、長い目でみればメリットはかなり大きいはずだ。

山間部での人道支援活動はテロリストの活動エリアを狭める効果が期待できる。災害救援は大規模な自然災害による政情不安を抑えることができる。そして多国間訓練によってアジア各国の軍隊が交流を深めれば信頼醸成につながり、安全保障ネットワークが構築されていく。この取り組みを日米が国際社会にアピールできれば、日米同盟は日本防衛のみの片務性から脱皮し、アジア安保に貢献する関係に発展していく。日本がアジアの平和と安定にそのプレゼンスをアピールするという新たな地平が広がってくる。

基地や日米安保への賛成反対という出口の見えない消耗戦から抜け出すような議論を始めたいと願う。

屋良朝博（やら・ともひろ）

1962年沖縄県生まれ。フィリピン国立大学経済学部を卒業後、沖縄タイムス社に入社。主に沖縄の基地問題を担当し、論説委員、社会部長を務めた。2007年から1年間、ハワイ大学東西センターで客員研究員として海兵隊のグアム移転など米軍再編を取材。2012年に退職後、沖縄国際大学非常勤講師、フリーランスライター。

沖縄米軍基地と日本の安全保障を考える20章

2016年6月10日　第1刷発行

発行者　竹村正治
発行所　株式会社　かもがわ出版
〒602-8119　京都市上京区堀川通出水西入
TEL 075-432-2868 FAX 075-432-2869
振替　01010-5-12436
ホームページ　http://www.kamogawa.co.jp
印刷所　シナノ書籍印刷株式会社

ISBN978-4-7803-0845-7　C0031